FLORE FORESTIÈRE

DE LA

COCHINCHINE

PAR

L. PIERRE

DIRECTEUR DU JARDIN BOTANIQUE DE SAÏGON

1

OUVRAGE PUBLIÉ

SOUS LES AUSPICES DU MINISTÈRE DE LA MARINE ET DES COLONIES

QUATRIÈME FASCICULE

15 mai 1882

PARIS

OCTAVE DOIN, ÉDITEUR

8, PLACE DE L'ODÉON

FLORE FORESTIÈRE

DE LA

COCHINCHINE

PAR

L. PIERRE

DIRECTEUR DU JARDIN BOTANIQUE DE SAÏGON

OUVRAGE PUBLIÉ

SOUS LES AUSPICES DU MINISTÈRE DE LA MARINE ET DES COLONIES

PARIS

OCTAVE DOIN, ÉDITEUR

8, PLACE DE L'ODÉON

MAGNOLIA DUPERREANA Pierre

Habite le sommet de Knang-Repœu, dans la province de Tpong. (*Herb. Pierre*, n. 749.)

Très glabre et glauque. Feuilles oblongues ou elliptiques, longuement pétiolées, légèrement cunéiformes à la base, arrondies au sommet ou souvent émarginées, entières, coriaces; nervation secondaire réticulée et accentuée sur les deux faces. Fleurs monoïques, terminales, solitaires et blanches; périanthe composé de huit folioles : la plus extérieure est bractéiforme et verdâtre; les autres, de plus en plus petites et épaisses, oblongues, obovées et pétaloïdes. Réceptacle court, conique, à sommet nu et arrondi dans les fleurs mâles. Étamines formant quatre rangées spirales à filets plus courts que leurs anthères. Fruit globuleux et ligneux dont les carpelles, rapprochés ou soudés, sont libres à leur extrémité stylaire, déhiscents à ce même sommet dans une courte étendue et suivant toute leur partie ventrale ou intérieure. Graines 1-2, attachées à un long filament, échancrées dans la région du hile, aplaties et entourées d'un arille généralisé et pourpre.

Arbre de 25-30 mètres, se dépouillant de décembre au mois d'avril. Tronc lisse et blanchâtre, ayant un diamètre de 25-30 cent. Stipules soudées à la base du pétiole, caduques, purpurines, longues de 1 cent. Feuilles ponctuées, brillantes à la face supérieure, glauques et purpurines dans le jeune âge; pétiole long de 2-4 cent.; limbe long de 15-22 cent., large de 7-10 cent. Pédoncule naissant en même temps que les feuilles, quelquefois latéral, à peine accrescent dans le fruit, long de 3-5 cent. Foliole du périanthe la plus extérieure, longue de 25 millim., striée longitudinalement; foliole la plus intérieure longue de 20 millim. Étamines longues de 12 millim. Anthères subintrorses, à connectif légèrement apiculé. Fruit composé de 9-12 carpelles, long de 5 cent., haut de 6 cent. Le sommet des carpelles présente, après la déhiscence, deux lobes en forme de cornes recourbées latéralement. Graines longues de 1 cent., larges de 6 millim. Arille épais, huileux. Tégument extérieur (*testa*) ligneux, dur et noirâtre, perforé vers la région chalazique. Un deuxième tégument très mince et membraneux sépare le premier de l'albumen. Celui-ci, épais et huileux, remplit toute la cavité de la graine et enveloppe un embryon très petit, dont la radicule confine au micropyle, et dont les cotylédons ovales sont écartés.

Obs. — Cette espèce est remarquable par ses fleurs monoïques, par son réceptacle très court et par la déhiscence de son fruit dont les carpelles s'ouvrent du côté de l'axe et suivant la ligne ventrale. Je ne connais pas ses fleurs hermaphrodites ou femelles. D'après le mode de déhiscence de ses carpelles on pourrait la comprendre dans le sous-genre *Talauma*. Mais on ne connait encore aucun *Magnolia* à fleurs polygames dont le réceptacle soit aussi court ou dont les fruits soient comme stellés. Je propose donc de la ranger dans un autre sous-genre que j'appelle *Kmeria*.

C'est un arbre très ornemental. Ses graines perdent vite leur propriété germinative. Son bois est blanc, léger, facile à travailler et est utilisé pour planches, boîtes, cercueils, canots, etc.

On dit ses feuilles préconisées contre la colique et les crampes d'estomac. Son écorce passe pour fébrifuge.

EXPLICATION DE LA FIGURE DU *MAGNOLIA DUPERREANA* Pierre.

PLANCHE I.

A. Rameau florifère et fructifère.

1. 1^a Foliole d'une jeune fleur, la plus extérieure $\frac{1}{1}$.
2. *a* 2me foliole du périanthe $\frac{1}{1}$.
3. *a* — — $\frac{1}{1}$.
4. *a* — — $\frac{1}{1}$.
5. Folioles *a*, *b*, *c*, *d*, les plus intérieures d'après leur ordre d'insertion.
6. Fleur privée de ses folioles moins 3, pour montrer la forme du réceptacle d'une fleur ♂. Le sommet de ce réceptacle est nu.
7. Étamine vue du côté interne.
8. Fruit après la déhiscence des carpelles.
9. Graine $\frac{1}{1}$ munie de son suspenseur tubulé.
10. La même, privée de son arille.
11. Coupe verticale d'une graine; *a*, arille; *b*, testa ou tégument extérieur; *c*, tégument interne et membraneux séparant le testa de l'albumen; *d*, albumen; *e*, embryon.

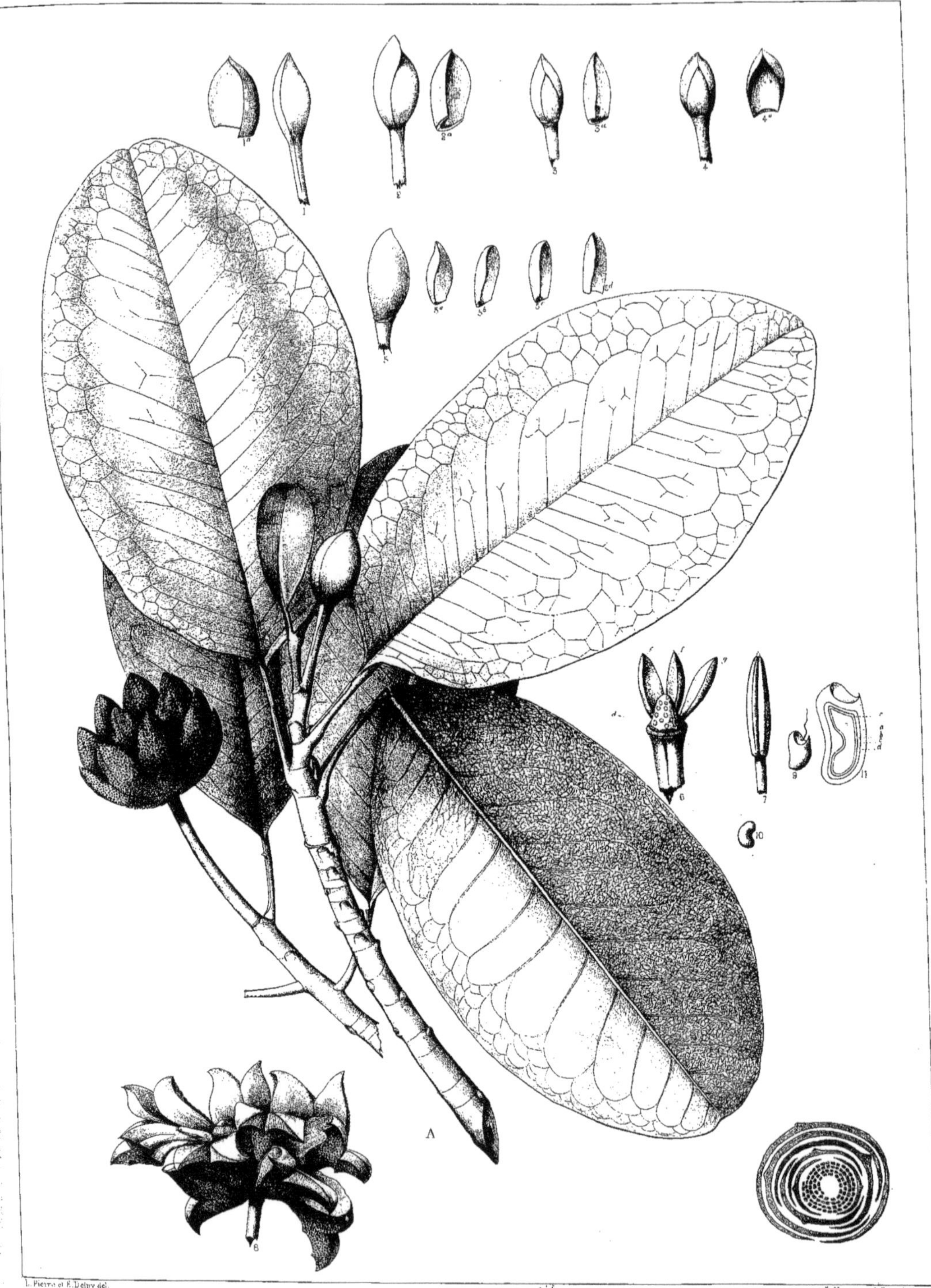

L. Pierre et E. Delpy del.

L. Hugon et J. Storck lith.

MAGNOLIA DUPERREANA Pierre.

Paris _ O. DOIN Edit.

Imp. Becquet Paris.

MAGNOLIACÉES

MAGNOLIA BAILLONI Pierre

Assez fréquent à une altitude de 3-600 mètres dans les montagnes Kéréev et Aral, de la province de Samrontong; dans celle de Kuang-Repœu, de la province de Tpong, et dans celle de Camchay, près Kamput. (*Herb. Pierre*, n. 750.)

Jeunes rameaux, stipules et jeunes feuilles d'un roux tomenteux. Feuilles oblongues, lancéolées, à base cunéiforme, à pointe obtuse; entières, coriaces, brillantes et à nervation réticulée sur les deux faces; complètement glabres avec l'âge ou légèrement pubescentes à la face inférieure; pétiole long, grêle, canaliculé, dont la base porte une cicatrice stipulaire très réduite; fleurs solitaires, naissant aux axes privées de feuilles; pédoncule muni en bas d'une bractée caduque, de même longueur que le périanthe; carpelles indéfinis, pressés sur un réceptacle fusiforme, et pubescent; gynophore allongé, strié; ovules 5 descendants, anatropes, à micropyle tourné en dehors et en haut; style à sommet grêle et caduque. Fruit oval-oblong, charnu et de même consistance que celui des Anones. Graine arillée.

Arbre de 20-30 mètres. Tronc grisâtre dont le diamètre atteint de 40-60 cent. Stipules linéaires, lancéolées, longues de 4-7 cent. Feuilles longues de 8-22 cent., larges de 45-70 millim., soyeuses dans la jeunesse, de forme souvent elliptique; pétiole long de 2-3 cent. Pédoncule long de 1-3 cent.; gynophore long de 5-8 millim. tomenteux. Fruit pubescent, légèrement ponctué, haut de 6-8 cent., large de 45 millim., contenant dans sa masse charnue des granulations pierreuses, et ne conservant, après désagrégation, que les nervures dorsales des carpelles. Graine suspendue par un funicule assez long; arille complet; téguments doubles, dont l'un, l'extérieur (*testa*), est épais et ligneux; l'autre, situé entre le testa et l'albumen huileux, est membraneux. Radicule supère. Cotylédons écartés, séparés par l'albumen.

Obs. Je n'ai pu comparer le *Magnolia Bailloni* au *Magnolia Vrieseana H. Bn* (Talauma Vrieseana), et au *M. Glauca* (Talauma glauca), espèces décrites par Miquel sous la section Aromadendron, du genre Talauma. Elles diffèrent de la nôtre : la première par ses feuilles, et la seconde par les stipules et le fruit; toutes deux par le mode d'inflorescence.

Son bois, quoique peu dense, est assez durable. Il est utilisé pour planches, madriers, canots, manches d'outils, de sabre, de fusil; pour cage d'éléphant, etc.

On emploie son écorce et ses racines, dont le principe amer et stimulant est celui de tous les Magnolia, contre les fièvres, les rhumatismes et les affections intestinales.

EXPLICATION DE LA FIGURE DU *MAGNOLIA BAILLONI* PIERRE.

PLANCHE 2.

A. Rameau fructifère.

1. Coupe longitudinale d'un jeune fruit.
2. — d'un carpelle.
3. Squelette du fruit après la désagrégation de la masse charnue.
4. Graine avec funicule.
5. Coupe verticale d'une graine.

E. Delpy del.

L. Hagen et J. Sterck lith.

MAGNOLIA BAILLONI Pierre.

Paris _ O. DOIN Edit.

Imp. Becquet. Paris.

MAGNOLIA CHAMPACA H. Bn

(*Michelia Champaca* L.; Lour. *Fl. Coch.*, 1790, p. 348; H. f. *Fl. Brit. Ind.*, p. 42; Brandis, *For. Fl.*, 3, t. 1.)

Annamite : Sú nám.

Hab. — Espèce originaire des montagnes de l'Inde, cultivée en Basse-Cochinchine et dans les pays chauds. (*Herb. Pierre*, n. 189.)

Jeunes rameaux pubescents. Feuilles longuement pétiolées, ovale-oblongues, lancéolées, aiguës aux deux extrémités, coriaces; limbe à nervation secondaire très accentuée sur les deux faces, pubescent en dessous et dans la jeunesse, bientôt glabre. Folioles du périanthe lancéolées, glabres, d'un jaune plus ou moins foncé; étamines terminées par un connectif lancéolé; carpelles nombreux, sessiles, pressés sur un réceptacle sub-oblong, pubescents, et contenant de 4 à 10 ovules descendants. Fruits presque sessiles, distants ou espacés sur le réceptacle accru et spiciforme, ovales, grisâtres et ponctués, contenant de 1-8 graines recouvertes d'un arille charnu et carmin.

Arbre de 20-25 mètres. Feuilles de 15-25 cent., larges à la base de 6-9 cent.; les petites côtes, au nombre de 24-28, sont très prononcées et relevées à leur sommet. La fleur, presque toujours solitaire, est très odorante et termine un court bourgeon axillaire; elle porte à sa base une bractée foliacée et persistante, puis deux bractéoles étagées, dont la dernière enveloppe le périanthe et est extérieurement d'un roux soyeux. Les folioles du périanthe sont, dans l'ordre spiral, au nombre de 12, dans les échantillons de la variété cultivée en Cochinchine; les plus extérieures sont les plus larges et portent neuf nervures longitudinales. Ces étamines, très nombreuses, entourent un court gynophore, et ont des anthères oblongues beaucoup plus longues que leurs filets lamelleux ou aplatis. On compte au delà de 40 carpelles, dont les styles, assez longs, sont recourbés en forme d'hameçon. Les ovules insérés sur deux rangées sont alternes; ils ont le micropyle tourné en haut et en dehors. Le pédoncule fructifère est long de 15-25 cent. Les fruits, dont le périsperme est quelque peu charnu, s'ouvrent par une fente longitudinale, et ont des graines légèrement aplaties, suspendues par un funicule assez long. Le raphé court sur un côté de la graine entre l'arille et le testa, et vient, après avoir fait un demi-tour de cercle, aboutir à une perforation (région chalazique) opposée au micropyle. Un deuxième tégument mince et membraneux sépare l'albumen huileux du testa. L'embryon supère, beaucoup plus petit que l'albumen, a les cotylédons ovales et écartés.

Obs. — Cet arbre, de même que le *Borassus flabelliformis*, le *Nelumbium speciosum*, l'*Unona odorata*, etc., a dû être introduit en Basse-Cochinchine à une époque très reculée, probablement au temps de l'établissement de la religion brahmanique au Cambodge. Il mériterait d'être plus répandu dans les cultures. En effet, c'est un arbre très ornemental et de grande utilité. Ses graines doivent être semées immédiatement après la déhiscence des follicules, car elles perdent très vite leur propriété germinative. Il croît bien dans tous les terrains. Il est préférable cependant de choisir un sol profond et humide, parce que les longues sécheresses annuelles de l'Inde et de l'Indo-Chine lui sont contraires pendant les trois ou quatre premières années de plantation. Sa croissance est très rapide. Il commence à fleurir à l'âge de deux ans. On sait que ses fleurs, très odorantes, sont recherchées dans toutes les cérémonies ou religieuses ou domestiques, et qu'on en retire un parfum très suave et de grande valeur. On utilise aussi les propriétés toniques et stimulantes de ses bourgeons, de ses racines et surtout de son écorce, dans beaucoup de maladies. Ses graines sont considérées comme fébrifuges.

L'arbre, dès l'âge de 15 à 20 ans, peut être exploité pour son bois. L'aubier est fibreux, grisâtre et très peu épais. Le cœur, dont la teinte est brune, a un grain assez serré; il est strié et susceptible d'un beau poli. On l'emploie pour ouvrages de tour, voliges, planches, tables, boîtes, etc.

EXPLICATION DE LA FIGURE DU *MAGNOLIA CHAMPACA* H. BN.

PLANCHE 3.

A. Rameau florifère.

B. — fructifère.

C. Portion de feuille agrandie et présentée sur ses deux faces.

1. Diagramme (l'artiste n'a pas placé les étamines dans l'ordre spiral).
2. Coupe verticale d'une fleur privée de ses bractées et des folioles du périanthe.
3. Étamines.
4. 1. Foliole la plus intérieure du périanthe.
5. Graine; *a*, funicule.
6. Coupe d'une graine : *a*, funicule continué entre l'arille *b* et le testa *e* par le raphé *c*; *d*, perforation du testa ou région chalazique; *h*, tégument membraneux placé entre l'albumen *i* et le testa *e*; embryon dont la radicule regarde le micropyle *f* et le hile. Les cotylédons sont séparés par l'albumen.

E. Delpy del. L. Hugon et J. Storck lith.

MAGNOLIA CHAMPACA H. BN.

Paris _ O. DOIN Edit. Imp. Becquet. Paris.

MAGNOLIACÉES

ILLICIUM CAMBODGIANUM

(Hance, in *Trim. Journ. Bot.* [1876], 240.)

Annamite : Bại hồi; Kmer : dai hồi nui.

Habite le sommet de la chaine de l'Éléphant (Camchay), vers la partie méridionale, à une altitude de 900 mètres. (*Pierre*, n. 1892)

Feuilles naissant au nombre de 3-5, au sommet des jeunes rameaux, ou subverticillées, dépourvues de stipules, courtement pétiolées, elliptique-lanceolées, aiguës, à base obtuse ou subcunéiforme ; épaisses, coriaces, glabres, brillantes en dessus, ferrugineuses en dessous. Fleurs axillaires ou fasciculées sur les nodosités des branches et du tronc, à pédoncule allongé ; périanthe composé de 13 folioles imbriquées, pétaliformes, blanches ou légèrement rosées, les intérieures plus petites que les antérieures; toutes charnues et ciliées. Étamines 14, insérées à peu près sur le même plan, en trois rangées, dont la plus intérieure est réduite à deux étamines. Carpelles 13. Capsules rougeâtres.

Arbre de 8-15 mètres, à tête hémisphérique. Bourgeons à écailles ciliées. Feuilles (pétiole long de 15 millim.) longues de 15 cent., larges de 2-6 cent.; purpurines dans le jeune âge, odorantes. Pédoncule long de 4 cent. Le périanthe a un diamètre de 1 cent.; ses folioles sont obovées, concaves. Étamines plus courtes que les styles ; filets aussi larges et presque aussi longs que les anthères subintrorses. Carpelles sessiles sur un réceptacle central légèrement proéminent. Ovule solitaire d'abord descendant, puis ascendant et incomplètement anatrope, à micropyle extérieur et légèrement tourné en bas. Follicules 12-13 à endocarpe ligneux; styles en forme d'hameçon, recourbés en haut et en dedans.

Obs. — Cette espèce se distingue de l'*I. Griffithii* H. f. et T., et de l'*I. majus* H. f. et T., par le nombre des folioles du périanthe, par celui des étamines et des carpelles. Cependant, comme c'est un caractère très variable, on pourrait réunir ces espèces et les considérer comme formes de l'*I. anisatum*.

Les jeunes fruits, de même que les feuilles et l'écorce de l'*I. Cambodgianum*, sont très aromatiques. Son bois est peu estimé.

C'est une espèce éminemment sociale. Elle occupe à peu près seule plusieurs vallées de la chaîne de l'Éléphant. Dans cette région, de même qu'à Phu Quôc, les pluies, quoique moins abondantes du mois de décembre au mois d'avril, ne font jamais défaut. La moyenne de température n'y doit pas être supérieure à 15° centigr. Il sera peut-être possible d'y cultiver avantageusement les *Cinchona succirubra*, *officinalis*, et même la variété *Ledgeriana* du *Cinchona Calisaya*. Mais les élévations montagneuses, si fréquentes au Cambodge, conviennent surtout à la culture des variétés du caféier et de l'arbre à thé.

EXPLICATION DE LA FIGURE DE L'*ILLICIUM CAMBODGIANUM* Hance.

PLANCHE 4.

A. Rameau florifère.

B. — fructifère.

1. Diagramme.
2. Coupe verticale de la fleur.
3. Fleur où une partie du périanthe a été enlevée pour montrer les étamines et les carpelles.
4. Les folioles du périanthe représentées dans leur ordre d'insertion de *a* à *m*.
5. Étamine vue intérieurement.
6. Fleur réduite à ses carpelles.
7. Coupe verticale d'un carpelle.

C. Coupe transversale d'une jeune tige : *a*, épiderme ; *b*, liber ; *c*, cellules pierreuses orangées de même consistance que celles de la moelle ; *e*, couche fibreuse ; *d*, vaisseaux ponctués ; *f*, trachées déroulables ; *h*, moelle ; *h'*, cellule de la moelle.

D. Coupe longitudinale d'une jeune tige. — Lettres comme en C.

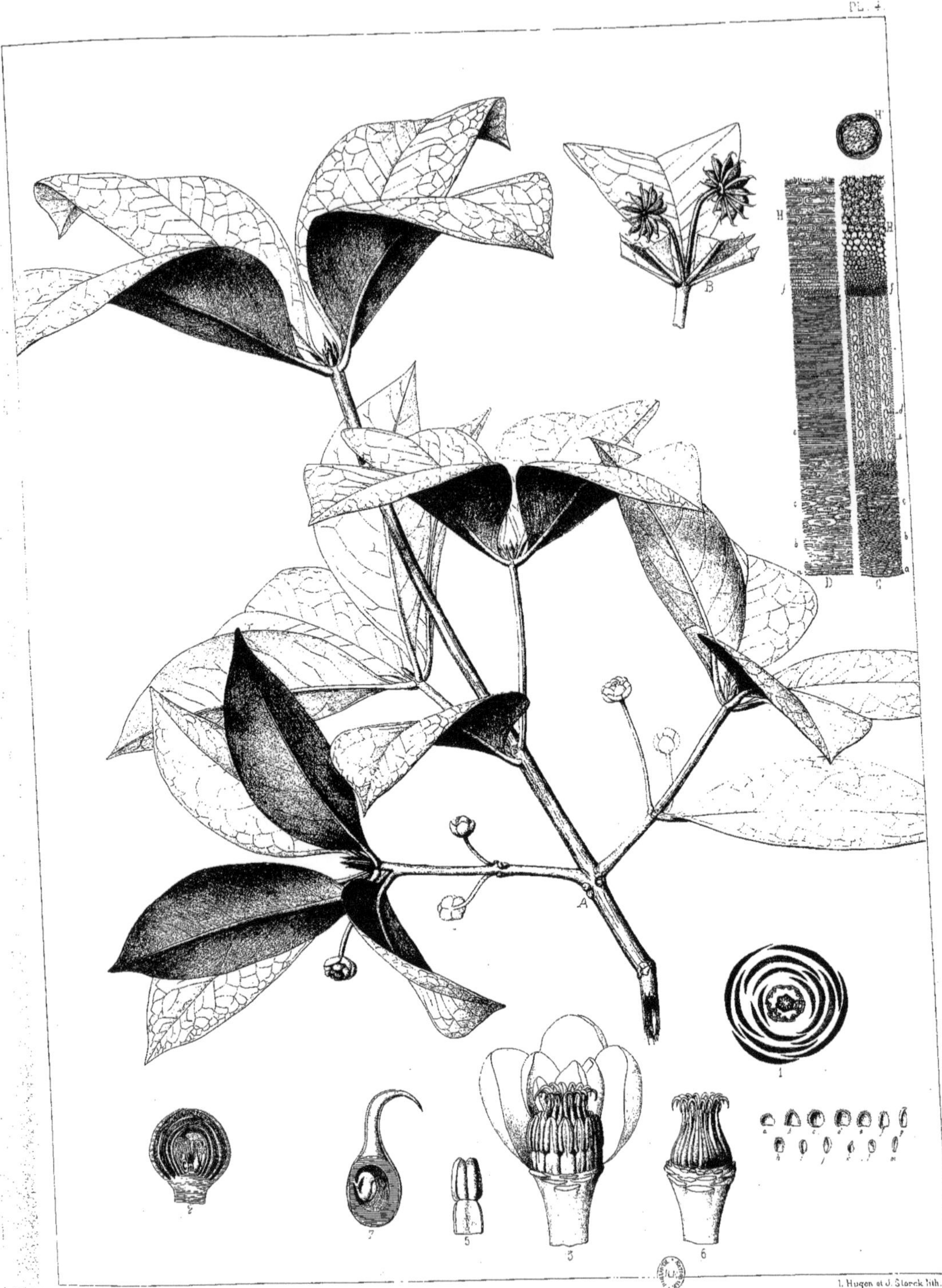

E. Delpy del.

L. Hugon et J. Storck lith.

ILLICIUM CAMBODGIANUM Hance.

Paris. O. DOIN Edit.

Imp. Becquet, Paris

DILLENIA HOOKERI Pierre

Annamite : So nhỏ; so lạc; so trắng.

Espèce commune dans les provinces de Tayninh, de Saïgon, de Baria, et dans les provinces cambodgiennes de Samrongtong, de Tpong et de Pusath. (*Herb. Pierre*, n. 663.)

Jeunes rameaux, de même que la face inférieure des feuilles, les pédoncules, les bractéoles et les sépales, tomenteux, argentés ou cendrés. Feuilles longuement pétiolées, oblongues, lancéolées aux deux extrémités ou souvent obtuses au sommet, obovées ou échancrées, dentelées en scie et à dents ou extrémités des petites côtes garnies d'une touffe de poils; petites côtes au nombre de 60 à 100. Pédoncules opposés aux feuilles, le plus souvent géminés et superposés, aplatis ou triangulaires, 2-3 fois plus longs que les pétioles et articulés sous la fleur. Bractée et bractéoles pressées sous le calice, foliacées et longtemps persistantes. Sépales charnus, glabres et striés en dedans. Pétales à base cunéiforme, obovés, ondulés, sillonnés de nervures longitudinales, jaunes. Carpelles au nombre de 6-7, contenant de 12 à 13 ovules. Graines ponctuées, ovales, brunes, brillantes, portant quelques poils dans la région du hile.

Arbre de 10 à 15 mètres, souvent multicaule, et atteignant à peine 1 mètre dans les clairières et les plaines cultivées. Pétiole long de 1 à 4 cent., profondément canaliculé, muni d'une gaîne à la base, à bords presque ailés. Limbe des feuilles tomenteux sur les deux faces dans la jeunesse, devenant, avec l'âge, presque glabre à la face supérieure, long de 6 à 30 cent., large de 3 à 14 cent.; côte et petites côtes déprimées ou creusées en dessus, très saillantes en dessous. Pédoncule long de 2-6 cent., terminé par 1 bractée et 2 bractéoles de même consistance, oblongues, obtuses et longues de 2 à 3 cent. Sépales charnus, glabres et sillonnés en dedans de nervures parallèles, longs de 1 à 2 cent. 1/2. Pétales membraneux, longs de 2 à 5 cent. Les étamines disposées en 4 séries sont supportées par des filets ronds d'inégale longueur : la rangée la plus intérieure recouvre les premières. Les anthères oblongues ont des loges d'inégal développement et s'ouvrent au sommet par deux pores. Le gynécée, composé de 6 à 7 carpelles, a des styles longs, libres et recourbés en dehors. Les ovules sont situés sur deux rangées et alternes; ils sont ascendants, anatropes, et leur micropyle est tourné en bas et en dehors. Le fruit, à peine plus gros que la fleur, contient par carpelle de 1 à 5 graines. Celles-ci, dans la région du hile, ont une concavité ou dépression de consistance spongieuse. Leur premier tégument (arille?), très mince, est crustacé et ponctué. Leur deuxième tégument (testa) est plus épais et composé de couches ligneuses formant des rayons concentriques. On trouve un troisième tégument membraneux entre le deuxième et l'albumen. Celui-ci, de consistance huileuse, remplit toute la cavité de la graine. L'embryon, très petit, regarde le micropyle et est situé de côté et en dehors de la région du hile.

Obs. — Le *Dillenia Hookeri* est, je crois, de tous les *Dillenia* connus, l'espèce la moins arborescente. Dans les terrains cultivés, on la rencontre par touffes et réduite à l'état de buisson. Sa croissance paraît très lente. Son bois est rougeâtre, noueux, tordu et très peu utilisé. On en fait des manches d'outils, des clochettes pour buffles, des poteaux pour palissade, etc.

C'est, au point de vue ornemental, une espèce destinée à être très répandue. Comme elle s'accommode bien de tous les terrains, même les plus ingrats, dans le reboisement des terrains privés d'humus, elle pourra être plantée avec avantage.

EXPLICATION DE LA FIGURE DU *DILLENIA HOOKERI* PIERRE.

PLANCHE 5.

A. Rameau florifère et fructifère.

B. Rameau où l'on voit des feuilles obovées, échancrées ou terminées par une pointe aiguë; $\frac{1}{1}$.

1. Coupe verticale d'une jeune fleur. Les carpelles sont soudés sur le réceptacle, et libres seulement dans leur partie supérieure; $\frac{3}{1}$.
2. *a*, anthère vue du côté externe; *b*, la même présentée de côté.
3. *a*, coupe verticale d'un carpelle où les ovules sont vus de côté; *b*, autre coupe présentant les deux rangées d'ovules de face; $\frac{12}{1}$.
4. 1 ovule $\frac{24}{1}$.
5. Graine; *a*, poils recouvrant le hile.
6. Coupe verticale d'une graine; *a*, hile; *b*, tégument externe; *c*, deuxième tégument ou testa; *d*, troisième tégument de consistance membraneuse; *e*, albumen; *f*, embryon; *m*, micropyle.

E. Delpy del.

L. Hugon et J. Storck lith.

DILLENIACÉES

DILLENIA PENTAGYNA Roxb.

Corom. Plant., 1, t. XX; Hook. f. et T., *Fl. Brit. Ind.*, 1, 38; Bedd. *Fl. Sylv. Madr.*, t. CIV; Brandis, *For. Fl.* XX; Kurz, *For. Fl. Burm.*, 1, 21.

Annamite : So bà. — Kmer : Dom chhon ruè ou roré. — Moï : Me roi ou mu'roi.

Hab. — Fréquent dans les forêts de plaine et de montagne à Bária, à Bien-Hoa et à Tayninh, et dans les provinces cambodgiennes de Kamput, Tpoug, Samronglong et Pusath. (*Herb. Pierre*, n. 599, 661, 769, 1875 et 2045.)

Dist : Inde péninsulaire; Birmanie; péninsule de Malacca; Bornéo; Java.

Jeunes rameaux soyeux ou presque glabres. Feuilles oblongues, lancéolées dans les jeunes bourgeons et les jeunes tiges, souvent obovées ou à peine acuminées dans les vieux arbres, cunéiformes et aiguës à la base, pubescentes en dessous; petites côtes de 60-80 dans les vieux arbres, au nombre de 80-120 dans les rejetons ou les jeunes arbres, terminées par une dent ou mucron. Pétiole recouvert par le limbe ou entièrement nu. Pédoncules au nombre de 4-8, quelquefois plus nombreux, naissant sur les rameaux dénudés, au sommet de courts bourgeons écailleux et soyeux, articulés, striés, pubescents ou glabres. Sépales plus ou moins pubescents; les plus intérieurs ciliés. Carpelles 5 contenant 12 à 13 ovules. Fruit à peine plus gros que les fleurs, réduit le plus souvent à 3 carpelles et à 1-3 graines.

Arbre de 25 à 30 mètres, atteignant un diamètre de 50 à 60 cent. Son écorce grisâtre tombe par plaques. Feuilles des jeunes arbres longues de 50 cent. à 2 mètres, larges de 7 à 25 cent.; elles sont longues de 30 à 35 cent., larges de 16 à 20 cent. dans les arbres âgés. Elles offrent plus de largeur vers le sommet, et sont le plus souvent obovées ou obtuses dans les vieux arbres. La pubescence, variable avec l'âge et la localité, est néanmoins persistante; elle se constate même dans un âge avancé, à la face inférieure, sur la côte, les petites côtes et la nervation secondaire. Les pédoncules mesurent de 3 à 4 cent. Sépales extérieurs ou glabres ou pubescents sur les deux faces. Pétales oblongs, légèrement ondulés sur leurs bords, longs de 4 cent., larges de 15 millim. Étamines nombreuses disposées en trois rangées, dont la plus intérieure, beaucoup plus longue, recouvre les deux autres. Styles moins longs de moitié que les carpelles. Ovules alternes, opposés par leurs raphés, anatropes, et tournant leur micropyle en dehors et en bas. Fruit long et large de 5 à 8 millim.

On trouve dans les mêmes localités les variétés de cette espèce :

a. Flavida. Sépales pourpres et pétales jaunâtres.

b. Albida. Sépales verdâtres et pétales blanchâtres.

c. Indica. Sépales verdâtres et pétales jaunes.

Obs. — Sous le nom de *D. Pentagyna*, j'ai fait figurer trois états de végétation pouvant appartenir à deux espèces. Les planches 6 et 7 représentent les formes, à différents âges, d'une plante cultivée dans le jardin de Saïgon, et qui offrent avec le *D. Pentagyna* les différences suivantes : la nervation est plus fine, le pétiole est toujours nu, et les fleurs sont plus petites. Celles-ci néanmoins n'offrent, comme organisation, aucune différence sensible avec celles du *D. Pentagyna*. La planche 8 est faite d'après un échantillon pris sur un rejeton d'un arbre de 15 à 20 mètres croissant à la base des montagnes de *Dinh*, près *Baria*. C'est exactement le *D. Pentagyna* dans la jeunesse, alors que le pétiole recouvre le limbe, caractère représenté dans la planche du colonel Beddome (*loc. cit.*), et que l'on retrouve dans les échantillons de Wight, n. 22, et du docteur Retebie, n. 297, conservés à Kew.

Le *D. Pentagyna* aime les terrains siliceux. Il demeure privé de feuilles de novembre à avril. La maturité de ses fruits a lieu au moment de la reprise de la végétation, d'avril en mai. Ses graines conservent longtemps leur propriété germinative. Ses feuilles, de dimension colossale, surtout dans le jeune âge, sont utilisées comme couverture dans les constructions passagères. C'est un des plus beaux arbres d'ornement connus. Sa croissance est très rapide.

Son bois, gris-brun, à peine rougeâtre, est dense. Il est fibreux et d'un travail assez difficile. Il résiste bien aux intempéries. On l'utilise pour toutes sortes de construction; il convient même pour la marine. On en fait des meubles très estimés. En Cochinchine, on ne l'emploie que pour planches et madriers. J'ai vu des poteaux, enterrés depuis onze ans dans un sol humide, tout à fait intacts.

EXPLICATION DE LA FIGURE DU *DILLENIA PENTAGYNA* Roxb.

PLANCHES 6, 7, 8.

A. Rameau d'un vieil arbre.

B. Portion d'inflorescence.

1. Coupe verticale d'une fleur. [illegible].
2. Pétale avant l'anthèse [illegible].
3. Étamine intérieure recouvrant une étamine extérieure [illegible].
4. Ovule [illegible].
5. Coupe verticale d'une graine : hile (*s*); raphé (*r*); micropyle (*m*); hétéropyle (*h*); membrane molle et mince pouvant représenter l'aille *ta*; tégument ligneux composé de faisceaux concentriques *tb*; membrane très ténue appliquée sur l'albumen, mais facile à isoler *tc*; albumen très épais, huileux (*d*); embryon très petit, situé à l'extrémité de l'albumen et près du micropyle (*e*).

DILLENIA PENTAGYNA Roxb.

Paris _ O. DOIN Edit.

Imp.

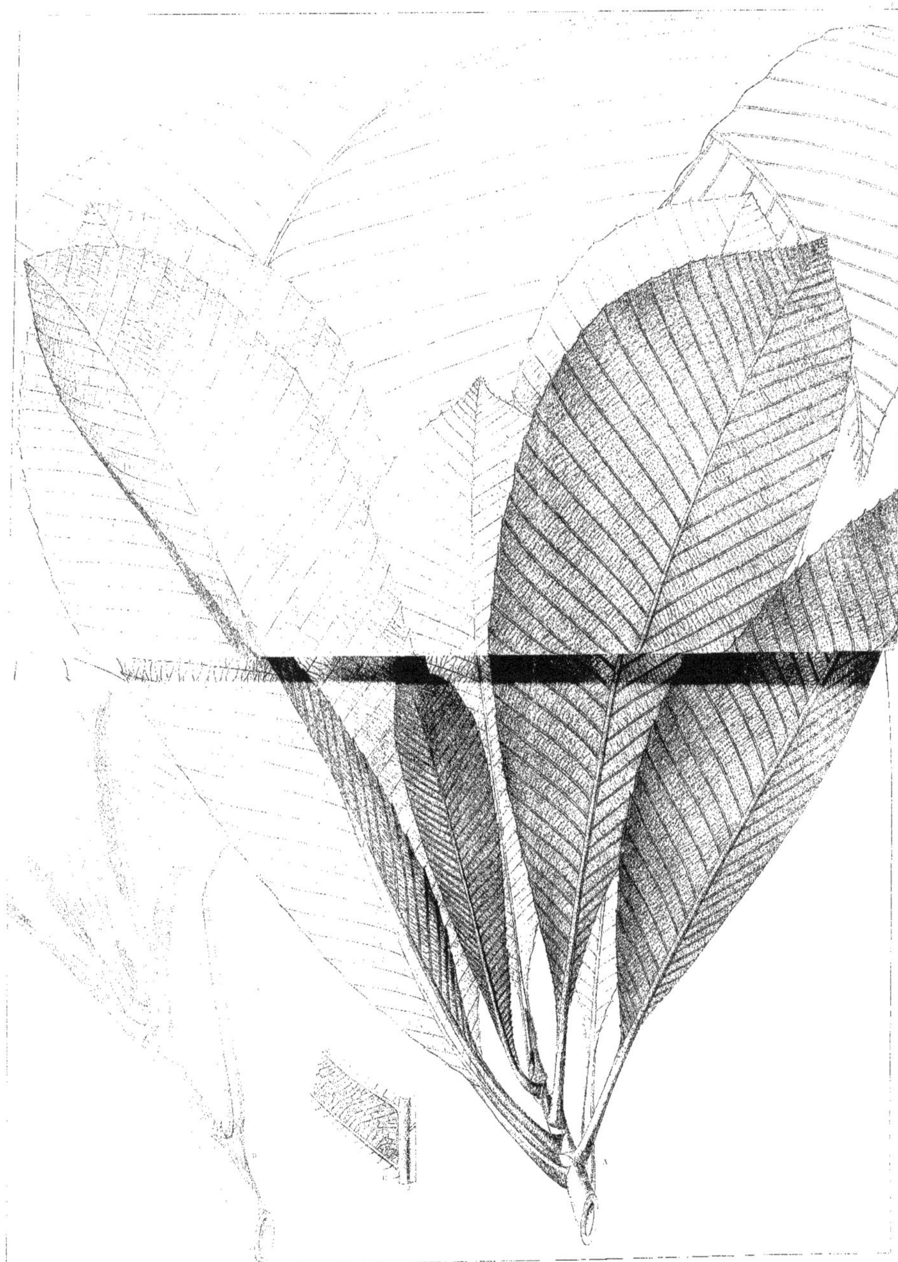

DILLENIACÉES

DILLENIA ELATA Pierre

Annamite : So bà nui. — Kmer : Pelou pnom.

Hab. — Très rare en plaine, excepté dans les forêts vierges; assez commun dans les montagnes de Dinh près de Baria; de Chuia-Chang, dans la province de Bienhoa; de Cam et de Day, dans la province de Chaudoc; dans celles de Cam-Chay, près de Kamput, et de Kerev, dans la province de Samrongtong. (*Herb. Pierre*, n. 765 et 2041; *Coll. Bois*, n. 44.)

Jeunes tiges rondes, striées et tomenteuses. Feuilles oblongues, rétrécies à la base, obovées au sommet, obtuses aux deux extrémités; tomenteuses ou soyeuses dans le jeune âge, bientôt glabres ou simplement pubescentes et brillantes à la face supérieure, velues et pâles en dessous; petites côtes terminées par une dent soyeuse. Pédoncules 6-7, pubescents, naissant au sommet de nœuds écailleux; bractéoles 1-2 situées à des hauteurs variables ou aux soudures des pédoncules, oblongues, obovées, pubescentes et caduques. Sépales oblongs, obovés, pubescents et ciliés. Pétales rétrécis à la base, oblongs, obovés. Carpelles au nombre de 5, glabres, contenant de 10 à 11 ovules. Styles plus courts de moitié que les carpelles.

Arbre de 25 à 30 mètres. Tronc grisâtre. Écorce rouge. Feuilles pressées au sommet de jeunes rameaux et paraissant après la fleur. Pétiole nu, engainant la base, très canaliculé, tomenteux, long de 9 à 10 cent. sur les jeunes rejetons, et de 5-5 cent. sur les vieilles branches. Limbe long de 10-18 cent., large de 8-9 cent. chez les arbres âgés, plus développé chez les arbres jeunes, à peine rugueux, portant de 60 à 62 petites côtes parallèles, distantes à la base de 1 à 2 millim., et vers le milieu de 6 millim., creusées à la face supérieure, élevées en dessous et soyeuses. Pédoncules articulés à des hauteurs variables, longs de 2 à 3 cent. ½, légèrement pubescents. Sépales portant 10 nervures parallèles, longs de 12 millim., larges de 6 millim.; les deux extérieurs sont souvent privés de cils. Pétales longs de 5 cent., larges de 2 cent., membraneux, cunéiformes à la base, obovés au sommet, ondulés sur les bords, et portant 20 nervures longitudinales, les unes partant de la base, les autres de la nervure médiane, toutes s'unissant et formant réseau avant d'atteindre le bord du pétale. Les étamines sont sur 5 à 6 rangées : la plus intérieure, recouvrant les extérieures, est composée de 5 étamines alternes avec les styles; souvent la dernière rangée est stérile. Le jeune fruit est pubescent; il mesure 12-15 millim. en hauteur et en diamètre. Les graines, brillantes, noires, sont très échancrées vers le hile.

Obs. — On distingue cette espèce du *D. scabrella* et du *P. parvifolia* par la nervation, par la pubescence de l'inflorescence, par des fleurs plus petites et par le nombre des carpelles. Cependant, une observation plus attentive, possible seulement en les soumettant à la culture, permettra un jour d'unir ces trois espèces. J'ajouterai qu'elles ont pour caractère commun d'avoir le même nombre d'ovules par carpelle. Il est vrai que dans le *D. scabrella* le nombre des carpelles varie de 5 à 7, exactement comme dans le *D. parviflora,* et que dans le *D. elata* je n'en ai jamais rencontré que 5, malgré un très grand nombre d'analyses.

Le bois du *D. elata* est brun rougeâtre, et conserve cette coloration à l'état sec. Il est peu lourd, fibreux, d'un travail assez facile et susceptible d'un beau poli. Il convient donc pour toutes sortes d'applications. Les Annamites et les Cambodgiens l'emploient pour colonnes de maison, et sous forme de planches et de madriers. Ils s'en servent aussi dans la construction de leurs jonques et lui reconnaissent des qualités de durée même dans l'eau. Le bois de cette espèce est plus estimé que celui des autres *Dillenia*.

EXPLICATION DE LA FIGURE DU *DILLENIA ELATA* Pierre.

PLANCHE 9.

A. Rameau portant de jeunes fruits.

B. — d'un rejeton rapporté avec doute au *D. elata.*

C. Portion de feuille augmentée deux fois.

1. Jeune fruit $\frac{2}{1}$.
2. Coupe d'un jeune fruit $\frac{2}{1}$ (l'artiste a oublié de représenter les styles).
3. Coupe tranversale d'un jeune fruit.

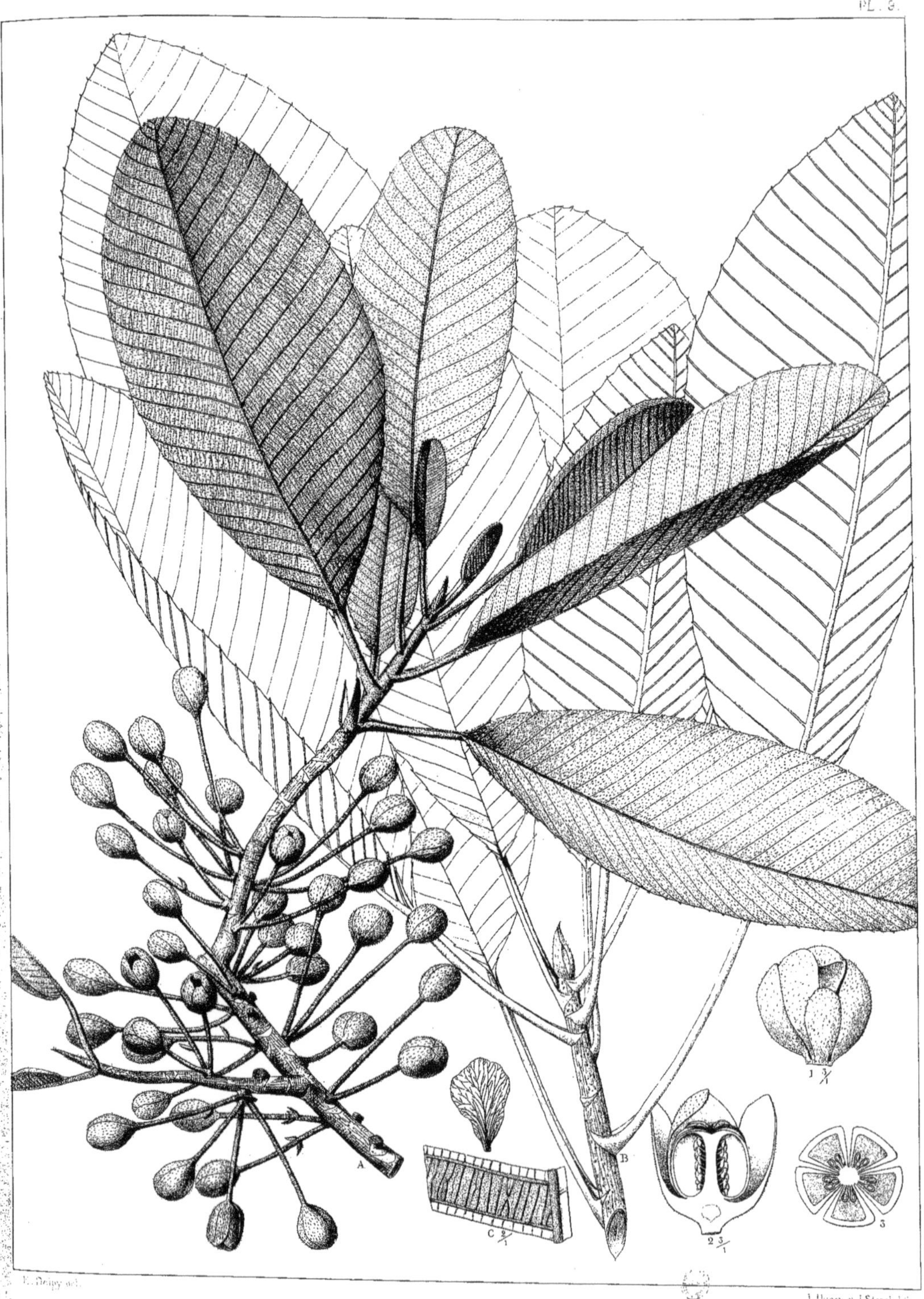

E. Delpy del.

L. Hugon et J. Storck lith.

DILLENIA ELATA Pierre.

Paris O. Doin Edit.

DILLENIACÉES

DILLENIA OVATA

(*Wall. Cat.*, 945; Hook. *F. Flor. Brit. Ind.*, 36; *Fl. Ind.*, 70.)

Annamite : Sò trai. — Kmer : Pelou.

Espèce très commune dans toute la basse Cochinchine et le Cambodge. (*Herb. Pierre*, n. 144, 767, 1799, 2037, 2040; docteur Harmand, n. 296; Pierre, *Coll. Bois*, n. 362, Cai Cong et n. 113, Phu-Quòq.)

Distribution : Malacca; Siam; Bornéo (Motley, n. 895).

Jeunes rameaux tomenteux. Feuilles ovales ou ovale-oblongues, acuminées, obtuses et souvent obovées; très obliques à la base, arrondies ou cordées; ondulées sur leurs bords, où les petites côtes sont terminées par une dent plus ou moins aiguë; glabres à la face supérieure, moins la côte et les petites côtes qui restent, à tout âge, tomenteuses sur les deux faces; nervation secondaire parallèle sur le premier plan, réticulée sur le second, très accentuée, pubescente ou tomenteuse en dessous. Pédoncule plus long que le pétiole, solitaire, terminal d'abord, puis latéral, et opposé à la feuille naissant immédiatement après lui, ayant à la base 1-3 bractées et une bractéole vers sa partie médiane. Sépales charnus plus ou moins velus extérieurement. Pétales jaunes. Carpelles 9-12 contenant 20-24 ovules.

Arbre de 20-30 mètres. Pétiole long de 15-30 millim. Limbe long de 15-28 cent., large de 7-14 cent., remarquable par les variations de sa base obtuse, inégale et souvent profondément échancrée. Pédoncule long de 4 à 9 cent. Bractéole longue de 15 millim., oblongue, obtuse, tomenteuse, plus grande que les bractées, et, comme celles-ci, caduque. Sépales ovales, obtus, plus ou moins glabres en dedans, ciliés, longs de 2 ½ à 4 cent., larges de 2-3 cent. Pétales ovales, ondulés, longs de 6-7 cent., larges de 5-6 cent., portant de nombreuses nervures parallèles, membraneux. Étamines disposées sur 3-4 rangées d'inégale longueur : les plus intérieures sont aussi les plus longues; leurs filaments aplatis sont plus longs que les anthères; celles-ci sont recourbées, poricides au sommet et pourvues d'un mucron. Dans les étamines extérieures, les anthères sont plus longues que leurs filets; elles sont obtuses au sommet ou échancrées, et leurs loges ont une déhiscence longitudinale. Les carpelles sont plus longs que les styles. Ils ont deux rangées d'ovules anatropes, contigus par leur raphé, et dont le micropyle, tourné d'abord en bas et en dedans, se retourne enfin légèrement en haut. La primine ne prend pas le même développement que la secondine et s'arrête, sous forme de plis et de renflements, au point où commence l'anatropie. Fruit ovale haut de 4-5 cent. sur 3 ½ à 4 ½ cent., très charnu et jaunâtre à la maturité. Graines entourées d'une matière gélatineuse, presque hippocrépiformes, brillantes et conformes à celles des espèces du genre.

Obs. 1. — Cette espèce, tout à fait distincte, est voisine par l'inflorescence du *D. speciosa*. Elle est la plus commune de toutes celles qui habitent la Basse-Cochinchine; on la trouve en plaine et dans les montagnes avec des caractères très variables suivant le sol. Ses fruits, pendant la saison sèche, jouent un grand rôle dans l'alimentation des populations forestières.

Son bois est rougeâtre, et on ne saurait distinguer le cœur de l'aubier que par le tissu, beaucoup moins dense vers la périphérie qu'au centre. Son écorce rougeâtre mesure de 8 à 10 millim. d'épaisseur. Ce bois est légèrement plus lourd que celui des autres *Dillenia*. Il est d'un travail facile, et convient à toutes sortes de travaux. On l'emploie pour colonnes, planches et madriers. Il prend un beau poli, et doit convenir à l'ébénisterie. Les Cambodgiens disent que ce bois est très bon conducteur du son. Les clochettes de leurs bœufs et buffles sont faites de ce bois.

Obs. 2. — L'échantillon bois portant le n. 36 dans ma collection pourrait ne pas appartenir au *D. Ovata*. Il diffère complètement par l'écorce, la densité et le tissu des autres *Dillenia*.

EXPLICATION DE LA FIGURE DU *DILLENIA OVATA* WALL. CAT., 945.

PLANCHE 10.

A. Jeune rameau florifère et fructifère.

B. Rameau fructifère.

1. Fleur privée de sa corolle et de ses étamines, présentée de côté.
2. Coupe verticale d'une fleur avant l'anthèse.
3. *b*, étamine intérieure plus longue et recouvrant les autres rangées. Elle est terminée par un mucron comme un Wormia ; *c*, étamine des séries extérieures.
4. Coupe transversale d'un jeune fruit.

PL. 10.

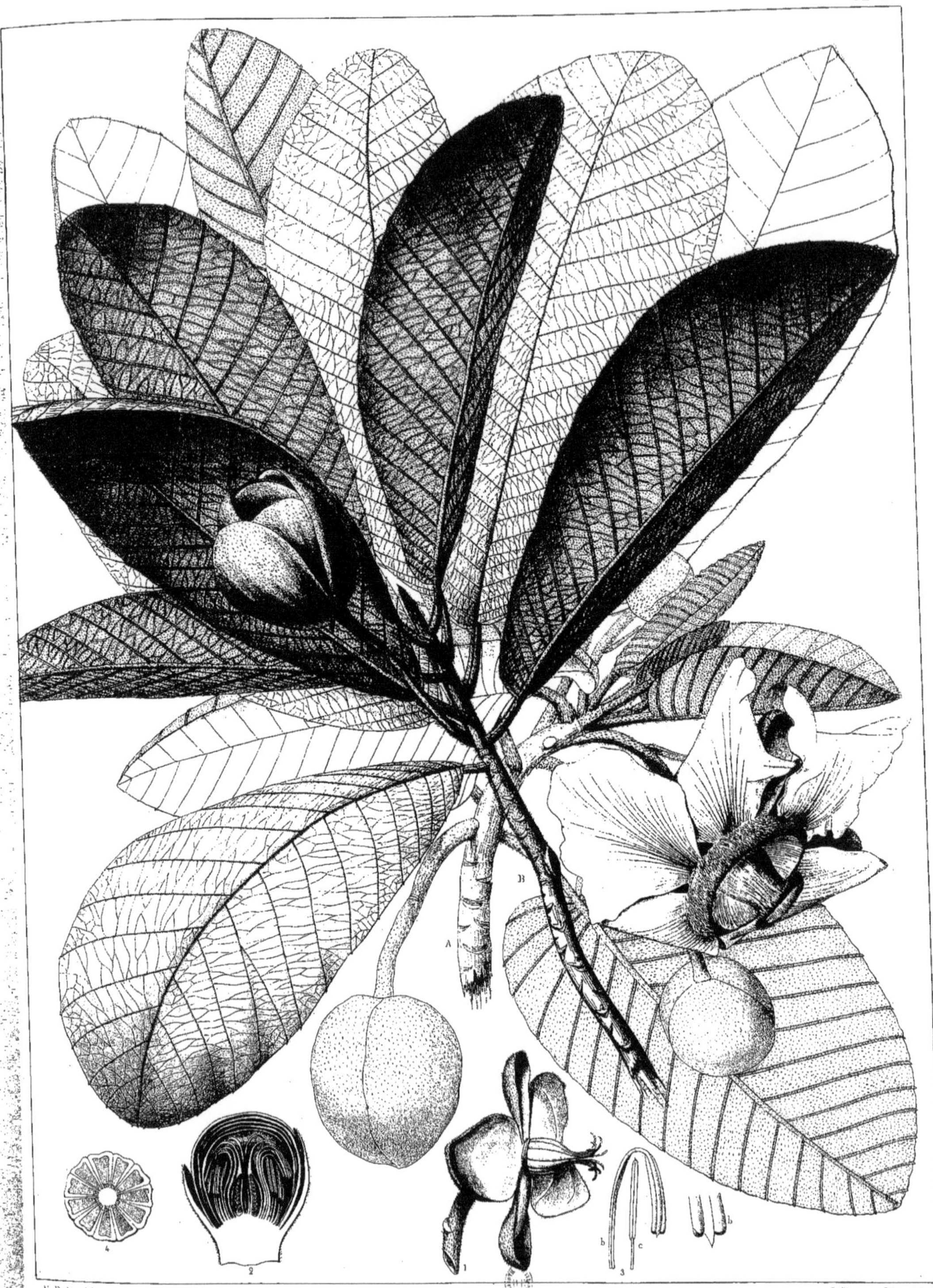

DILLENIA OVATA H. F. & T.

Paris _ O. DOIN Edit.

Imp. Becquet. Paris

DILLENIACÉES

DILLENIA AUREA

Sm., *Exot. Bot.*, t. 92-93; *D. ornata*, Wall., *Pl. As. rar.*, 1, 21, t. 23; Hooker, *F. Fl. Brit. India*, 1, p. 37; Miquel, *Fl. Ind. Bot.*, p. 12.

Annamite : So do.

Hab. — Assez rare dans les montagnes de Chiao-Xhan, au nord de la province de Bien-hoa. Commune dans les montagnes de Knang-Repœu, de la province de Tpong; dans celles de Rancon, de la province de Samrong-tong; et dans celles de Tlavac et de Krewanh, dans la province de Pusath au Cambodge.

Dist : Birmanie, Java.

Jeunes rameaux soyeux. Feuilles oblongues, obovées ou acuminées, cunéiformes, aiguës ou obtuses à la base, crénelées ou dentées en scie avec l'extrémité des petites côtes soyeuses, pubescentes à la face supérieure, soyeuses ou tomenteuses en dessous et souvent glabres à l'état adulte. Pédoncule solitaire au sommet de jeunes bourgeons, et portant 2-3 bractées caduques à sa base. Sépales oblongs, soyeux extérieurement, pubescents au sommet de sa face intérieure, ciliés ou non ciliés. Pétales oblongs, obovés, plus ou moins cunéiformes à la base, jaunes. Carpelles 10-18; ovules 24-33. Fruit ou entièrement glabre, ou plus ou moins soyeux; graines ponctuées.

Arbre de 8-15 mètres, perdant ses feuilles pendant la saison sèche, du mois de novembre au mois de mars. Tronc court, épais, noueux. Écorce épaisse, rouge en dedans, blanche à l'extérieur et tombant par plaques polygonales. Feuilles naissant après la floraison, très variables de forme, ayant un pétiole long de 1 à 4 cent. et un limbe long de 10 à 42 cent., large de 7 à 21 cent.; les plus jeunes sont pourpres. Pédoncule soyeux, grêle ou épais, long de 1/2 cent. à 6 cent. suivant les variétés. Sépales longs de 2-3 cent., et dans le fruit de 3-5 cent., presque glabres à l'état adulte, ou soyeux et montrant de nombreuses nervures. Pétales longs de 2 à 3 cent. 1/2, larges de 2-3 cent., multinervés. Étamines d'inégale longueur, formant 6-7 séries, dont la dernière, c'est-à-dire la plus intérieure, recouvre les extérieures et a des anthères plus courtes que les filets, ce qui est le contraire dans les autres séries. Les anthères sont échancrées au sommet et sont terminées par deux pores. Carpelles soudés très haut sur l'axe, plus courts que les styles. Ovules ascendants, anatropes. Le micropyle, d'abord tourné en bas et en dehors, va s'appliquer à la base du funicule et regarde le placenta. Fruit jaunâtre à la maturité, haut de 3-4 cent., large de 2 1/2-3 cent. Graines brillantes, noirâtres, recouvertes par 3 membranes distinctes. L'extérieure, ponctuée, est très mince et crustacée (*arille*). Celle du milieu est ligneuse et très épaisse (*testa*); ses couches sont concentriques. La troisième, tout à fait mince et membraneuse, recouvre l'albumen sans y adhérer. L'embryon, très petit, basilaire, occupe l'extrémité de l'albumen dans une courbure assez accentuée que termine le micropyle. De ce point au côté opposé de la graine, il y a un tissu spongieux, que recouvrent en partie les téguments : c'est la région du hile, et, plus haut, du raphé. Entre le tégument le plus interne et cette matière spongieuse, il y a un canal ou deuxième ouverture aboutissant à un cul-de-sac semi-circulaire qui doit être la chalaze, confinant à la partie de l'albumen opposée au micropyle. Cet espace est très pénétrable; il est même ouvert dans une certaine étendue et correspond avec le canal dont nous venons de parler. Cette conformation rappelle la graine de certains *Magnolia* où l'hétéropyle et le micropyle ne sont pas situés à un pôle opposé, et où le triangle qu'on peut inscrire entre ces points est beaucoup plus petit.

Obs. — Cette espèce est, dans mon herbier, représentée par un très grand nombre d'échantillons offrant les caractères suivants :

Variété *a : Blumei.* — Feuilles acuminées ou obovées, pubescentes et enfin glabres. Pédoncules de 1-3 cent., grêles. Carpelles 10. Ovules 26-33. *Colbertia obovata*, Bl. (Planche XII.)

— *b : Kurzii.* — Feuilles obovées, soyeuses en dessous, pubescentes ou presque glabres à l'état adulte. Pédoncules 1-3 cent. grêles. Carpelles 12-13. Ovules 24-26. *Dillenia pulcherrima*, Kurz., *Fl. Brit.*; Burm., 1, 19-20. (Planche XIII.)

— *c : Harmandii.* — Feuilles obovées, légèrement obtuses à la base, tomenteuses en dessous. Pédoncules sessiles ou longs de 1-3 cent. 1/2. Carpelles 15-18. Ovules 23-26. Dr Harmand, n. 1321. (Planche XI.)

Obs. — Je n'ai pas tenu compte des dimensions des feuilles, de la grosseur ni du degré de pubescence des fruits à la maturité, car ces caractères sont très variables sur les échantillons provenant des mêmes arbres.

Je connais peu le bois de cette espèce. Il est rouge, et les Cambodgiens disent l'employer pour auges, mortiers, moulins à riz, etc.

EXPLICATION DE LA FIGURE DU *DILLENIA AUREA*. — Var. *HARMANDII* Pierre.

PLANCHES 11, 12, 13.

A. Branche fructifère. Les feuilles y sont développées et ont rejeté de côté le pédoncule.

B. — florifère où les feuilles commencent à apparaître, et alors rejettent le pédoncule de côté.

C. — plus jeune, où les feuilles sont encore enroulées.

1. Coupe verticale d'une fleur.
2. Sépales *a*, *b*, *c*, *d*, *e*, dans leur ordre d'insertion. (L'artiste a oublié de rendre les poils qui les recouvrent extérieurement.)
3. Pétale avant l'anthèse *a*, *b*.
4. Étamine de la série intérieure.
5. — des séries extérieures.
6. Section d'un carpelle.
7. Ovule après son évolution.
8. Graine $\frac{2}{1}$.
9. Coupe verticale d'une graine $\frac{4}{1}$: *f*, hile ; *m*, micropyle ; *a*, tégument externe ; *b*, 2me tégument de consistance ligneuse ; *c*, 3e tégument de consistance membraneuse ; *d*, albumen ; *e*, embryon ; *r*, raphé ; *h*, région chalazique.
10. Coupe verticale d'une graine où l'albumen et l'embryon ont été enlevés, afin de faire voir la cavité *h*, extrémité de la chalaze, et où se trouve une légère perforation ou *hétéropyle*.

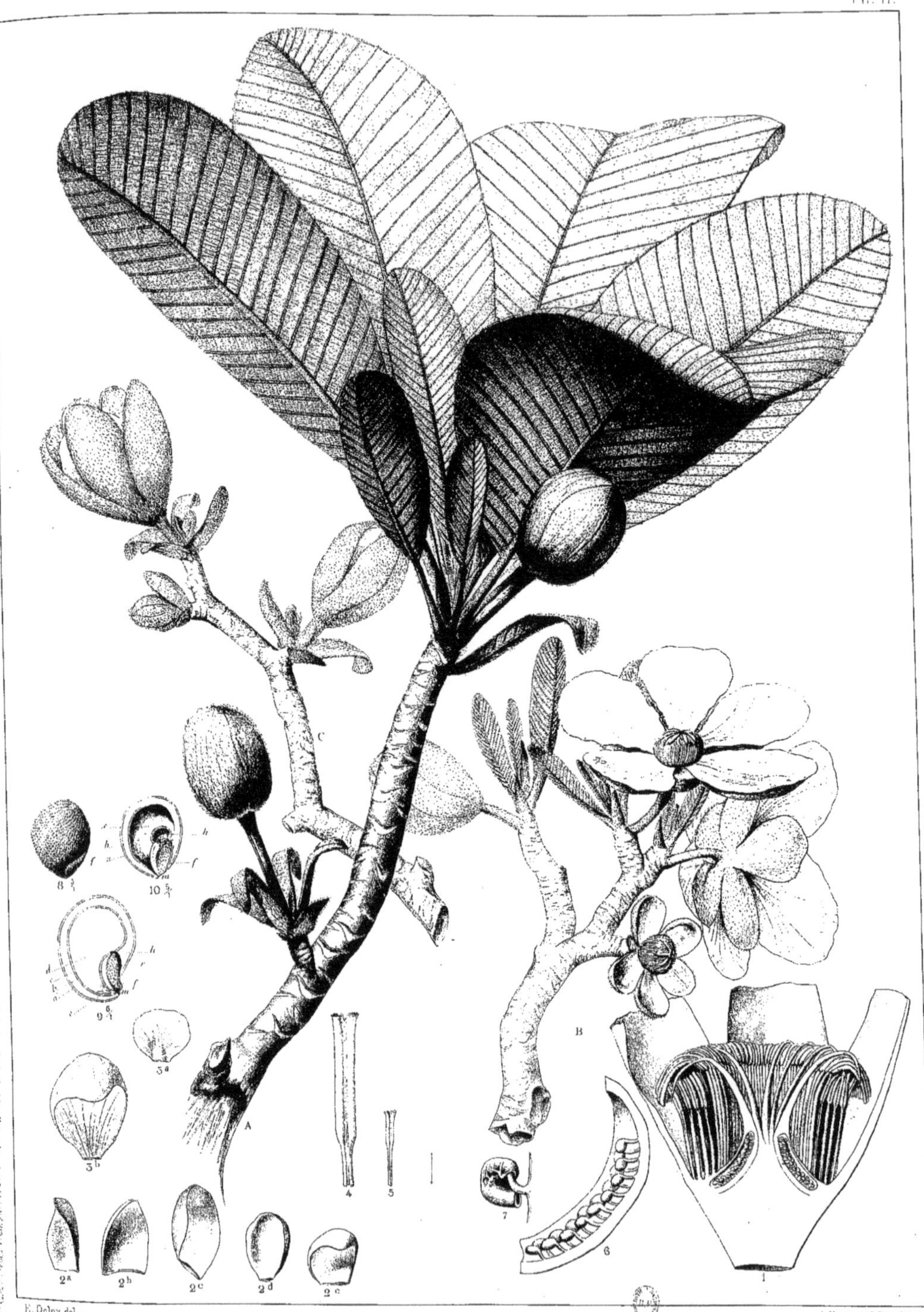

E. Delpy del.

L. Hugon et J. Storck lith.

DILLENIA AUREA SM. VAR. HARMANDII Pierre.

Paris. O. DOIN Edit.

Imp. Becquet. Paris

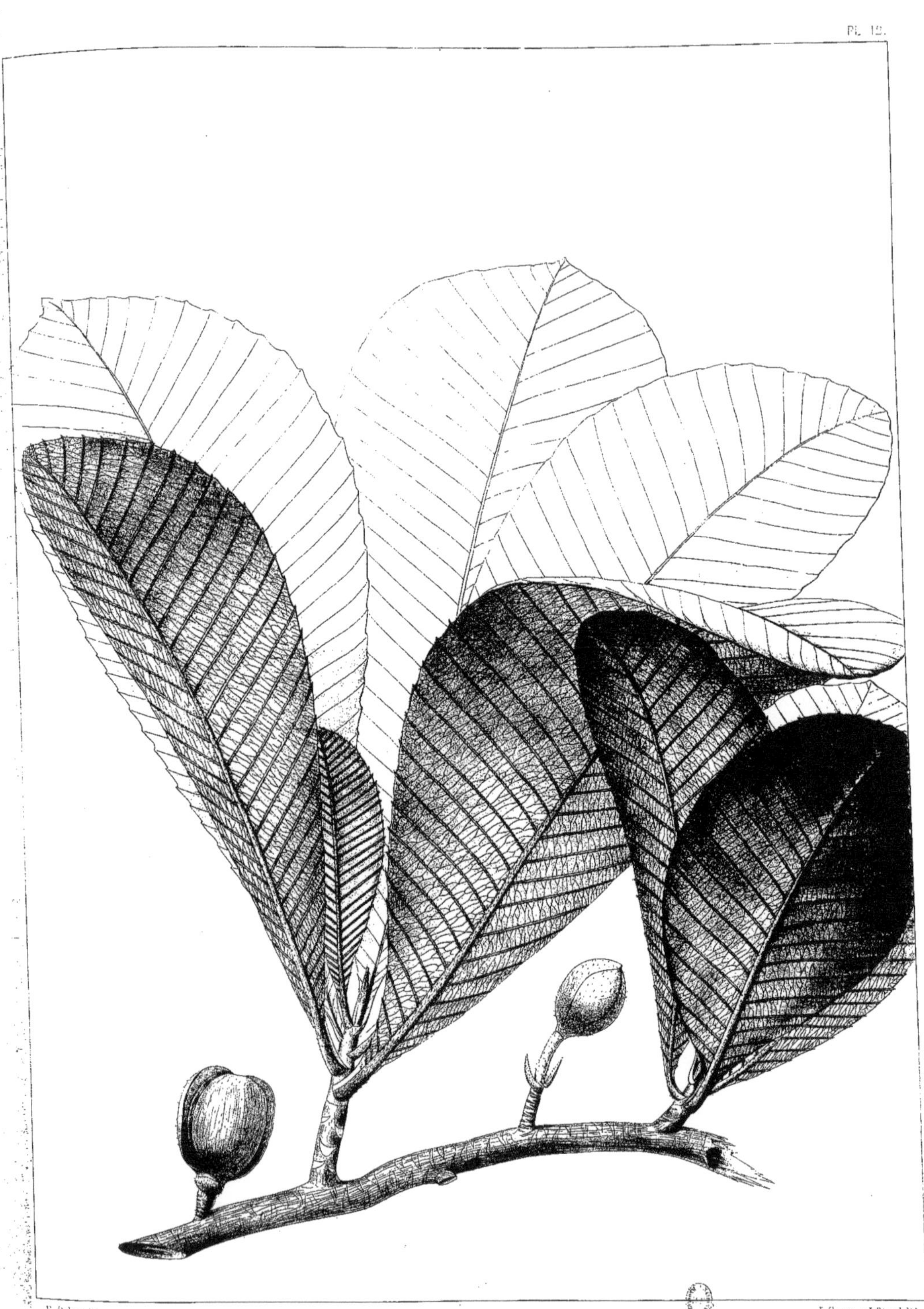

E. Delpy del. L. Augon et J. Storck lith.

DILLENIA AUREA VAR BLUMEI Pierre.

Paris _ O. DOIN Edit. Imp. Becquet. Paris.

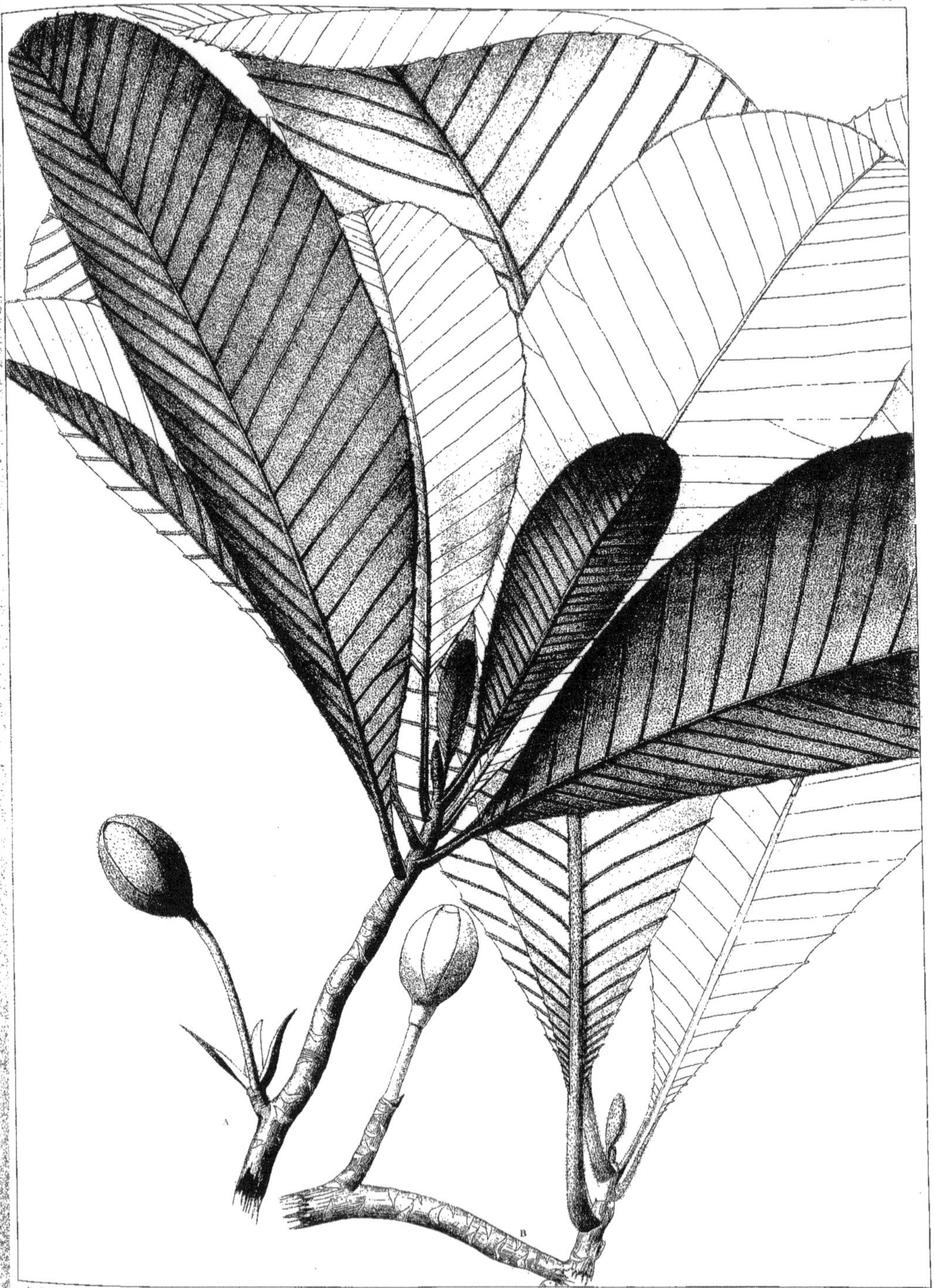

PL. 13.

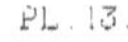

E. Delpy del.

L. Hugon et J. Storck lith.

DILLENIA AUREA VAR. KURZII Pierre.

Paris _ O. DOIN Edit.

Imp. Becquet. Paris.

DILLENIACÉES

DILLENIA BLANCHARDII Pierre

Annamite : So nho.

Hab. — Commun à une altitude de 100-150 mètres sur les montagnes de Dinh et de Chia-Chang et à Pulo-condor. (*Herb. Pierre*, n. 2042; Dr Harmand, n. 655.)

Jeunes rameaux pubescents. Feuilles stipulées elliptiques, oblongues, aiguës à la base, terminées par une courte pointe obtuse ou complètement obovées, à peine ondulées sur les bords, coriaces, squameuses et ponctuées sur les deux faces. Petites côtes 24-26, de même que le pétiole et la côte, pubescentes en dessous dans la jeunesse. Pédoncule solitaire portant une bractée vers le milieu, d'abord terminal et bientôt rejeté latéralement, strié, pubescent. Anthères terminées par un connectif triangulaire. Carpelles 7. Ovules 12.

Arbre de 10 à 15 mètres. Jeunes rameaux arrondis, striés. Stipules petites, tombant avant l'épanouissement de la feuille, laissant sur la tige et la base du pétiole une courte cicatrice. Pétiole lacéré sur les bords, profondément canaliculé ou subailé, glabre à la face supérieure, long de 1 à 2 cent. 1/2. Limbe blanchâtre après dessiccation; sa nervation secondaire, très accentuée en dessous, est très espacée; elle est tantôt parallèle et oblique entre les petites côtes, ou s'arrête entre celles-ci formant un réseau à mailles larges et irrégulières. Il mesure en longueur 10 à 14 cent., et en largeur 5 1/2 à 7 1/2 cent. Pédoncule long de 2-3 cent. Sépales oblongs, obovés; les intérieurs sont ciliés. Pétales oblongs, membraneux, blanchâtres. Étamines libres formant 4 rangées d'inégal développement; la série intérieure, beaucoup plus longue et recouvrant les extérieures, a des anthères plus longues que les filets : c'est le contraire pour les autres, dont les anthères sont plus ou moins bien conformées. Carpelles soudés jusqu'à la naissance des styles et plus longs qu'eux. Les ovules, opposés par leurs raphés, sont insérés en deux rangées alternes sur chaque bord du placenta. Ils sont anatropes et ont le micropyle tourné en bas et en dedans. On remarque, à la hauteur de la chalaze, dès le premier moment du renversement de l'ovule, des plis et renflements qui indiquent que la primine, arrêtée dans son développement, change de nature et passe à l'état d'arille. Ce fait est propre aux ovules de toutes les espèces de *Dillenia*. Fruit inconnu.

Obs. — Cette espèce est très voisine du *Wormia pulchella Jack.* (Mal. Misc. ex Hook., *Comp. Bot. Mag.*, 1, 221; Hooker, *Fl. Brit. Ind.*, 1, p. 36.) Elle s'en distingue par la pubescence, par des feuilles plus grandes, par le nombre des petites côtes, par la nervation secondaire, par l'inflorescence, par le nombre des carpelles et des ovules.

On a souvent remarqué que les caractères séparant les genres *Wormia* et *Dillenia* avaient peu de valeur. En effet, les *Dillenia meliosmæfolia* et *D. bracteata* ne diffèrent en rien comme inflorescence des vrais *Wormia*. Les *Dillenia indica, D. ovata, D. aurea,* ont d'abord des fleurs terminales devenant latérales et oppositifoliées par le simple prolongement de l'axe émettant une feuille au lieu d'une fleur. Il en est de même pour le *D. retusa* et notre *D. Hookeri*. Quant au caractère poricide des anthères de *Wormia*, il est aussi commun dans les vrais *Dillenia*. Les anthères, en effet, s'ouvrent à la fois par des pores situés au sommet des loges, et souvent aussi dans toute la longueur de ces loges. Il est vrai que l'arille qui entoure la graine est plus distinct dans quelques espèces de *Wormia;* mais une étude attentive de la graine du *D. aurea*, par exemple, démontre que l'arille devient plus dense, moins épais, presque adhérent au tégument externe (*testa*), qu'enfin, pour chaque graine de *Dillenia*, il faudrait, si l'arille n'est pas admis, compter 3 téguments. Le seul caractère particulier à quelques *Wormia*, c'est la présence d'une stipule opposée à la feuille, adnée à la base du pétiole et tombant avant le développement de la feuille. Ces considérations m'ont fait rattacher cette espèce au genre *Dillenia*, en y comprenant les *Wormia* comme sous-genre.

Le bois du *D. Blanchardi* est rougeâtre, un peu plus léger que celui des autres *Dillenia*. Il a des usages plus restreints, parce que le tronc n'atteint pas plus de 25 à 30 cent. de diamètre.

EXPLICATION DE LA FIGURE DU *DILLENIA BLANCHARDII* PIERRE.

PLANCHE 14.

A. Branche florifère. Le lithographe a rendu d'une façon exagérée les déchirures qui s'observent souvent sur les bords du pétiole. Il les a faites régulières et comme dentées.

B. Jeune bourgeon $\frac{2}{1}$; *a*, cicatrice de la stipule opposée à la jeune feuille *f*, et tombant avant son évolution.

1. Sépales dans leur ordre d'insertion. Les plus intérieurs sont les plus larges, *a*, *b*, *c*, *d*, *e* $\frac{1}{1}$.
2. Étamines : *a* $\frac{4}{1}$, étamine extérieure ou des 3 premières rangées. Elles sont souvent avortées ; *b*, la même grossie $\frac{11}{1}$; *c*, partie supérieure d'une anthère de la rangée la plus intérieure.
3. Fleur privée de ses sépales et de ses pétales, montrant l'inflexion des étamines intérieures sur les extérieures.
4. Fleur réduite à ses carpelles.
5. Carpelle ouvert où les ovules sont un peu rejetés de côté pour faire voir leur ordre d'insertion.
6. Diagramme.

Delpy del. — L. Hugon et J. Storck lith.

DILLENIA BLANCHARDII Pierre.

Paris. O. DOIN Edit. — Imp. Becquet, Paris.

ANONACÉES

SAGERÆA HOOKERI Pierre

(*Bocagea elliptica*, *H. f.*, *Fl. Brit. Ind.*, 1, 92; *Sageræa elliptica*, *H. f.*, *Fl. Ind.*, p. 94; *Uvaria elliptica*, *A. D. C. in Mem. Soc. Genev.*, v. 27; Wall. Cat., 6470, 7421, 4125.)

Annamite : Sang máy. — Kmer : Thnong.

Fréquent dans les localités élevées ou montagneuses jusqu'à 400 mètres d'élévation dans les provinces de Baria, Bienhoa, Tayninh; dans l'île de Phu-quôc; dans les provinces cambodgiennes de Kamput, Tpong, Pusath, etc. (*Herb. Pierre*, n. 616 et 1748.)

Arbre entièrement glabre. Pétiole court, épais, chagriné. Feuilles alternes, le plus souvent linéaire-oblongues, entières, épaisses, coriaces, obliques et obtuses à la base ou arrondies; lancéolées et obtuses au sommet; petites côtes 30-40 distantes, peu prononcées, confluentes loin du bord de la feuille, et réunies par une nervation aérolée, composée de mailles très larges et peu accentuées. Cymes axillaires, à fleurs monoïques. Pédoncules courts et gros, situés à la base d'une bractée et munis de 3 bractéoles alternes, tous ciliés comme les sépales et les pétales. Sépales libres, imbriqués, obovés, concaves. Pétales intérieurs plus petits, plus épais et plus concaves que les extérieurs. Étamines 9 situées sur un réceptacle très peu élevé. Anthères tronquées. Carpelles 8. Ovules 9-10. Baies ovales contenant de 4 à 8 graines.

Arbre de 15 à 20 mètres. Tronc grisâtre atteignant un diamètre de 20 à 30 cent. Rameaux gros, cylindriques. Pétiole long de 8 à 10 millim. Limbe des feuilles plus ou moins oblique à la base et presque cordé, long de 20 à 35 cent., large de 5 à 11 cent.; côte creusée à la face supérieure, carénée en dessous. Cymes de 6 à 8 fleurs, dont une seule est ordinairement du sexe femelle. Pédoncule de 1 à 5 millim. Sépales au nombre de 3, à peine plus développés que les bractéoles. Pétales 6, dont 3 extérieurs plus larges et moins concaves que les intérieurs, sont revêtus en dedans de granulations ou rugosités qui sont les sommets des cellules pierreuses du parenchyme. Étamines au nombre de 12, le plus souvent réduites à 9, formant trois séries distinctes au sommet d'un réceptacle très peu élevé et bombé. Les anthères extrorses ont leurs loges enfoncées, et quand elles sont infertiles, ce qui existe souvent pour les premières rangées, leur côté externe ou dorsal, au lieu d'être arrondi, est caréné. Dans la fleur femelle, le réceptacle est plus convexe. Les baies sont, à la maturité, longues de 3 à 4 cent. $^1/_2$ et larges de 3 cent. Les graines elliptiques, légèrement comprimées, ont un sillon circulaire profond, *raphé*, faisant un cercle presque complet, et que recouvre en partie le testa. Celui-ci est ligneux et pénètre plus ou moins profondément l'albumen par un grand nombre d'expansions lamelleuses. L'albumen ruminé est grisâtre et de consistance cornée. L'embryon, très petit, est logé à la base de la graine. La radicule regarde le hile, dont la région est entourée de deux corps assez durs recouverts légèrement par le testa, et que je crois être un arille incomplet ou modifié. Les cotylédons sont ovales, aplatis.

Obs. — Je crois le genre *Sageræa* parfaitement distinct, si je considère ses fleurs monoïques ou polygames, le caractère imbriqué de ses sépales et de ses pétales, le peu de développement de son réceptacle, et la forme tronquée du connectif de ses anthères, si différente du prolongement lamelleux qu'on constate dans les *Miliusa*, les *Orophea* et les *Bocagea*. Cette espèce a néanmoins été placée dans ce dernier genre par M. Hooker (*loc. cit.*), quoique M. Baillon ait surabondamment prouvé (*Adansonia*, 8, p. 166-170) que les espèces types (*Bocagea alba*) et (*B. viridis* (St-Hil., *Fl. Boas merid.*, p. 42, t. IX) ont des pétales valvaires. En ne consultant que la figure du *Bocagea viridis*, il n'est pas possible de confondre, dans le même genre, cette espèce et le *Sageræa Hookeri*. Ce *Bocagea viridis* a tout l'aspect d'un *Orophea* indien par le facies, l'inflorescence, la forme et le petit nombre des étamines. Il faut ajouter que la conformation des pétales et celle de la placentation autorisent leur réunion. En ne tenant plus compte de la forme imbriquée des sépales et des pétales, de la réduction du réceptacle, etc., il n'y a plus, il est vrai, de différence entre un *Sageræa* et un *Bocagea*. Combien plus de rapports existent entre un *Uvaria*, un *Gualteria* ou *Cananga* (Aublet) et un *Unona!* Tous les *Bocagea* de la flore « *Of British India* » sont donc pour moi des *Sageræa*, sauf les *B. coriacea* et *B. obliqua* (Bedd.), qui me paraissent de vrais *Orophea*.

On rencontre le *H. Hookeri* par grandes masses et rarement associé à d'autres espèces. Son tronc est très droit et sa tête est pyramidale. Ses rameaux très longs sont retombants. C'est un très bel arbre d'ornement, quoique ayant le feuillage un peu sombre. Son bois, assez léger, est jaunâtre et dur; ses fibres sont longues et flexibles. Les indigènes l'emploient pour poteaux ou chevrons, lambris, chevilles, balanciers, arcs et manches d'outils. On m'a assuré que sa durée était de quatorze ans.

EXPLICATION DE LA FIGURE DU *SAGERAEA HOOKERI* Pierre.

PLANCHE 15.

A. Rameau fructifère, $\frac{1}{1}$.
B. — florifère, $\frac{1}{1}$.
C. — fruit.
1. Fleur ♂ à laquelle on a enlevé quelques pièces du calice et de la corolle pour montrer le groupement des étamines, $\frac{[illegible]}{1}$.
2. Coupe longitudinale d'une fleur ♂, $\frac{[illegible]}{1}$.
3. Vue intérieure d'un pétale, $\frac{10}{1}$.
4. Étamines présentées de face, *a*; de côté, *b*; du côté intérieur ou dorsal, *c*. Dans cette dernière figure (*c*), l'étamine est infertile.
5. Diagramme de la fleur, ♂.
6. — — ♀.
7-8. Coupes longitudinales de jeunes fruits, $\frac{[illegible]}{1}$.
9. Fruit arrivé à maturité $\frac{1}{1}$.
10. Graine : *a*, vue de face; *b*, vue de côté; *c*, coupée longitudinalement, $\frac{[illegible]}{1}$.

E. Delpy del.

L. Hugon et J. Storck lith.

SAGEREA HOOKERI Pierre.

Paris O. DOIN Edit.

Imp. Becquet, Paris.

ANONACÉES

BOCAGEA PHILASTREANA Pierre

Annamite : Cò giây.

Très fréquent dans les montagnes de *Dinh*, près de Baria. (*Herb. Pierre*, n. 1743.)

Jeunes rameaux roux tomenteux. Feuilles oblongues, lancéolées, entières, coriaces, arrondies à la base, acuminées et obtuses au sommet, velues sur la côte et sur les petites côtes en dessous, presque glabres avec l'âge, brillantes en dessus et pâles en dessous; nervation secondaire réticulée, accentuée sur les deux faces. Cymes de 6 à 10 fleurs oppositifoliées, velues et rousses. Pédoncules courts, épais, naissant à l'aisselle d'une bractée, et portant vers la partie médiane une bractéole, toutes deux glabres en dedans, comme les sépales et les pétales intérieurs. Pétales extérieurs velus sur les deux faces. Carpelles 4-6 velus. Ovules 14-18. Baies oblongues, déprimées entre les graines, velues, grisâtres.

Arbre de 20 à 25 mètres. Tronc grisâtre, d'un diamètre de 15 à 25 cent. Jeunes rameaux grêles et ronds. Pétiole velu, long de 1-4 millim. Limbe long de 4 à 11 cent., le plus souvent de 7-8 cent., large de 2 à 4 cent., légèrement elliptique, oblique et cordiforme; petites côtes au nombre de 18, très espacées. Pédoncule floral de 3-5 millim. de longueur, atteignant sous le fruit 10 à 15 millim. Sépales 3, valvaires, acuminés. Pétales 6 en deux séries; les plus extérieurs plus grands, les plus intérieurs rétrécis à la base; tous oblongs, lancéolés, obtus. Étamines en trois séries; filaments courts, arqués et plus longs dans les séries inférieures; anthères extrorses, ovales, terminées par un connectif lamelleux et arrondi ou obtus, beaucoup plus large dans les étamines infertiles. Carpelles en 1-2 séries, occupant le pourtour de l'extrême sommet d'un réceptacle velu. Ils sont oblongs et terminés par un style court et épais, réduit à un stigmate gommeux et sillonné du côté intérieur. Ovules insérés en deux séries sur chacun des bords de la feuille carpellaire, anatropes, opposés par leurs raphés et tournant leur micropyle en bas et en dehors. Baies de forme variable suivant le nombre de graines qu'elles contiennent. Celles-ci, au nombre 2-14, superposées, aplaties, parallèles par leur plus grande longueur au sommet de la baie, et séparées par de fausses cloisons émises par l'endocarpe. Sarcocarpe composé de cellules scléreuses. Testa ligneux creusé vers la périphérie et presque dans tout le contour de la graine par un canal occupé primitivement par le raphé, émettant des expansions lamelleuses nombreuses, divisant l'albumen plus ou moins profondément. A sa base, légèrement concave, il est coiffé par un corps assez dense, creusé intérieurement par un canal communiquant au hile et au micropyle, et qui doit être un arille peu développé. L'embryon, très petit, est situé contre le micropyle et à l'extrémité d'un albumen subcorné.

Obs. — Le genre *Bocagea* ne diffère d'un *Unona* pluriovulé que par l'expansion lamelleuse, souvent très peu développée, du connectif de leurs anthères, caractère commun aux *Miliusia*, *Orophea* et *Cymbopetalum*. Dans le *Bocagea* (*Alphonsea*) *ventricosa* (H. Bn.), le nombre des carpelles varie de 10 à 14, et les 14 ovules sont sur deux rangées. Dans le *Bocagea* (*Kingstonia*) *nervosa*, les pétales intérieurs sont certainement valvaires; le nombre des carpelles est de 1 à 10, et on y compte 20 ovules en deux séries, occupant chacune, comme dans tous les *Bocagea*, un côté des deux bords de la feuille carpellaire. Ce nombre variable des carpelles s'observe dans toutes les espèces, même dans le *Bocagea Gaudichaudiana*, où j'en ai constaté deux, avec douze ovules par carpelle.

Le bois de cet arbre est blanc, léger et flexible. Il est d'un usage restreint. Il ne se conserve pas longtemps à l'humidité. On en fait des arcs, des manches d'outils, des montants de voiture, des jougs, des meubles, etc.

EXPLICATION DE LA FIGURE DU *BOCAGEA PHILASTREANA* PIERRE.

PLANCHE 16.

A. Rameau florifère.
B. — fructifère.
C. Cyme grossie.
1. Fleur grossie.
2. Pétale intérieur, vu du côté intérieur.
3. Fleur où l'on a ôté les pétales extérieurs.
4. Coupe longitudinale d'une jeune fleur.
5, 6, 7. Étamines présentées sur les trois faces.
8. Fleur ne portant plus que des étamines et des carpelles.
9. Carpelle isolé.
10, 11. Carpelles ouverts.
12. Diagramme.
13. Coupe longitudinale d'un fruit.

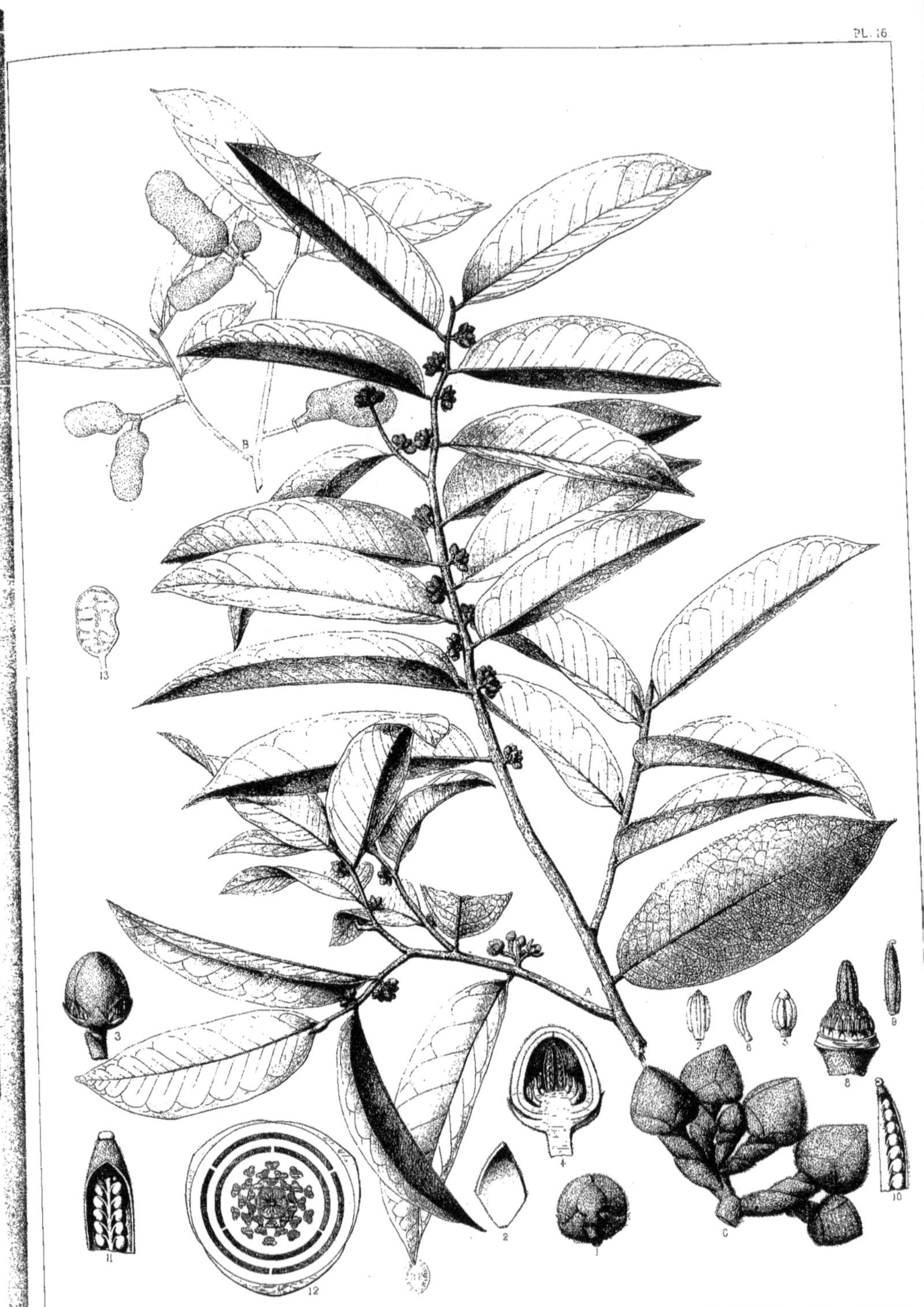

E. Delpy del. J. Hugon et J. Storck lith.

BOCAGEA PHILASTREANA Pierre.

Paris, O. DOIN Edit. Imp. Becquet, Par

ANONACÉES

UNONA MESNYI Pierre

Wall. Cat. 9009! Polyalthia? aberrans Maingay in *Fl. Brit. Ind.*, 1, 67; Melodorum (Kentia) clavipes Hance, *Journ. of Bot.*, 1877, 328.

Annamite : Vù bò; múon dúóng; cóm ngüoi. — Kmer : Dóm rondoul.

Hab. — Espèce fréquente près des lieux habités dans les provinces de Saïgon, de Bienhoa et de Tayninh; dans l'île de Phu Quôc et dans les provinces de Mu lu Prey, Pusath et de Kamput du Cambodge. (*Herb. Pierre*, n. 1317.)

Dist : Malacca, Siam.

Feuilles pétiolées, oblongues, lancéolées, acuminées, aiguës aux deux extrémités ou obtuses à la base, entières, coriaces, glabres sur les deux faces, glauques en dessous; petites côtes très nombreuses et à peine plus élevées que la nervation secondaire. Pédoncules le plus souvent solitaires à l'axe des feuilles, portant 3 petites bractées pubescentes à la base et une bractéole à peine plus grande vers le milieu; très charnus ou épaissis sous le calice. Sépales obtus, pubescents. Pétales extérieurs plus grands et velus sur les deux faces; pétales intérieurs plus charnus au sommet et glabres en dedans. Étamines formant six rangées. Carpelles au nombre de 50, tomenteux; style oblong et épais; ovaires contenant 1-2 ovules superposés et alternes. Baies ovales ou oblongues, contenant 1 ou 2 graines; périsperme charnu, peu épais et pourpre à la maturité.

Petit arbre, haut de 8 à 12 mètres, ressemblant à un *Diospyros* ou à un *Xanthophyllum*. Tronc noueux et noirâtre. Rameaux grêles, retombants, glauques. Feuilles longues de 7 cent. 1/2 à 16 cent., larges de 2 à 5 cent. 1/2. Petites côtes fort peu distinctes, au nombre d'environ 40, également élevées sur les deux faces. Nervure secondaire plus élevée à la face supérieure; côte déprimée en dessus, plus élevée en dessous, de couleur pourpre. Pétiole canaliculé, pourpre, long de 5-7 millim. Pédoncule presque glabre, long de 2 à 2 cent. 1/2. Bractée et bractéole ovales-obtuses, et pubescentes. Sépales soudés à la base, ovales, obtus, légèrement pubescents extérieurement, glabres en dedans. Pétales extérieurs légèrement écartés après l'anthèse, ovales, obtus, concaves, mesurant en hauteur de 12 à 14 millim. et en largeur de 10 à 12 millim. Les pétales intérieurs, hauts et larges de 6 à 8 millim., restent rapprochés par leurs bords épaissis et sont recourbés légèrement en dedans et au sommet. Ils forment une double corolle globuleuse, parfaitement valvaire. Ils sont tomenteux extérieurement, très concaves, légèrement anguleux à la base. Les pièces de la corolle intérieure restent rapprochées plus ou moins après l'anthèse. Les étamines, au nombre de 70-80, sont terminées par un connectif épais arrondi ou tronqué, exactement conformé comme celui des *Unona* de la section *Polyalthia*. Les loges des anthères allongées, inégales, sont parfaitement extrorses. Le réceptacle, très élevé, comme celui d'un *Xylopia*, est pourtant plane au sommet et porte plus de 50 carpelles, tomenteux, soudés par leurs styles glutineux. Les ovules, variant par ovaire de 1 à 2, insérés au-dessus de la base, sont ascendants, anatropes et se regardent par leur raphé. Dans la figure, on les a représentés par erreur tournés du même côté. La baie, large et haute de 6 à 8 millim., quand elle n'a qu'une seule graine, atteint 12 à 16 millim. quand elle contient deux graines. Son périsperme charnu, légèrement sucré, est mangé par les indigènes. Les noms annamites de « cóm ngüoi », riz cuit; « múon dúóng », peu sucré, etc., donnent une idée de la saveur de ce fruit. Les graines ovales, arrondies comme un petit pois, ont exactement la conformation de celles des *Unona*, *Orophea* et *Popowia*.

Obs. — Cette plante a été placée, avec doute, dans la section « *Trivalvaria* » du genre *Polyalthia* par M. Thomson et Hooker (*Fl. Brit. Ind.*, 1, 67), d'après la description manuscrite de Maingay. Elle est pauvrement représentée à Kew. De bons échantillons existent dans l'herbier de la Société linnéenne, à Londres, et portent, en note, de la main de Wallich : « *Myristicacea* ». Maingay dit que ses pétales intérieurs sont imbriqués au sommet dans le bouton : « *tips imbricate in bud* ». Ils sont parfaitement valvaires, se touchent dans les deux séries par leurs bords épaissis, et restent même rapprochés dans la série intérieure, longtemps après l'anthèse.

Cette plante offre beaucoup d'affinités avec les *Popowia*, particulièrement avec les espèces africaines de la section *Clathrospermum*, dont elle a le facies.

Comparons-la au *P. pisocarpa Endl.*, espèce ayant servi à la création du genre. Dans cette plante javanaise, les pétales extérieurs sont à peine plus grands que les sépales, et en ont la conformation; ils n'ont pas les bords épaissis, tronqués et rapprochés des pétales intérieurs. Ceux-ci sont aussi beaucoup plus charnus; leur sommet est recourbé en dedans en forme de voûte, particularité qui met en contact, dans une certaine limite, leur face dorsale. Ils sont échancrés à la base, très concaves; ils diffèrent des pétales extérieurs par la forme, la consistance et par des dimensions plus grandes. Son réceptacle est très abaissé. Il ne porte que 17 étamines, insérées en deux séries, et sept carpelles uniovulés. La forme des étamines est celle des *Unona*. Les loges de l'anthère sont parfaitement extrorses. Le connectif triangulaire, déprimé au sommet, très épais, est tout à fait celui des *Unona* et diffère de celui des espèces africaines rattachées au genre *Popowia*. Le fruit est une petite baie exactement semblable à l'*Unona Mesnyi*. On retrouve cette forme de fruit dans les espèces de la section *Monoon* du genre *Unona*, dans les *Orophea* et les *Miliusia*. Dans le *P. ramosissima*, autre espèce asiatique, les pétales extérieurs ressemblent aux sépales. Ils n'ont pas les bords épaissis ni tronqués; cependant ils sont plus grands que les pétales de la série intérieure. On constate aussi quelque différence dans la forme du connectif de ses étamines. Celui-ci a une direction oblique de dehors en dedans. Cette disposition est plus marquée dans le *P. fœtida;* et les loges de l'anthère, au lieu d'être extrorses, sont manifestement latérales. Ainsi, dans ces trois espèces asiatiques, il y a une légère différence dans la conformation des deux corolles extérieure et intérieure et une dissemblance notable dans celle des étamines.

Si nous considérons les espèces africaines du genre *Clathrospermum*, fondu, à juste raison dans le genre *Popowia*, par M. Baillon (*Adansonia*, VIII, 316-326. — *Hist. des plant.*, 219-223), nous retrouvons la même variation dans les rapports de conformation et de grandeur entre les pétales des deux séries. Dans le *P. caffra*, les pétales extérieurs sont plus grands que ceux de la série intérieure. Dans le *P. Mannii* H. Bn., les pétales extérieurs ont les bords épaissis; ils sont plus larges et moins longs que les pétales intérieurs. Quant à leur concavité, elle est très accusée dans les deux séries. Le réceptacle est abaissé et détermine, par suite, la réduction du nombre des carpelles et des étamines.

Cependant cette particularité de conformation des étamines dont nous parlions plus haut, qui consiste à avoir le connectif glanduleux déprimé de dehors en dedans et de haut en bas, et d'avoir les loges de l'anthère rejetées latéralement, devient, dans cette section, tout à fait caractéristique.

Avoir rappelé les caractères des *Popowia*, c'est avoir démontré l'impossibilité de comprendre dans ce genre l'espèce qui nous occupe. Sa place est évidemment dans le genre *Unona*. Elle ne peut entrer dans aucun des sous-genres que M. Baillon y a compris comme sections. Des *Melodorum*, elle diffère par la forme tout à fait globuleuse de la corolle, par la forme du connectif et par le fruit. Des *Polyalthia*, elle s'éloigne aussi par la corolle, et s'en rapproche par tous les autres caractères. Voilà pourquoi nous faisons pour cette plante un sous-genre, sous le nom de *Mesnya*, caractérisé par sa double corolle globuleuse de *Bocagea* ou de *Popowia*, par son réceptacle de *Xylopia* ou de *Polyalthia* et par ses carpelles 1-2 ovulés, tenant à la fois des *Monoon* et des *Eupolyalthia*.

L'*Unona Mesnyi* est une espèce très ornementale. Son feuillage glauque, très dense, et ses rameaux penchés lui donnent une physionomie très originale. C'est une plante qui mérite l'attention des horticulteurs. Ses longues branches fournissent des fouets très flexibles. Son bois blanc, jaunâtre, assez dense et durable, sert pour arcs, chevilles, brancards, etc.

EXPLICATION DE LA FIGURE DE L'*UNONA MESNYI*.

PLANCHE 17.

A. Rameau florifère.

B. — fructifère.

1. Diagramme.
2. Fleur privée de ses pétales.
3. Pétales *a*, *b*, *c*, de la série extérieure présentés dans diverses positions. (C'est par erreur que la face ventrale a été représentée glabre.)
4. Pétales de la série intérieure *a*, *b*.
5. Étamines représentées dans diverses positions, *a*, *b*, *c*, *d*, *e*.
6. Carpelles contenant un nombre variable d'ovules : *a*, *b*, *c*.

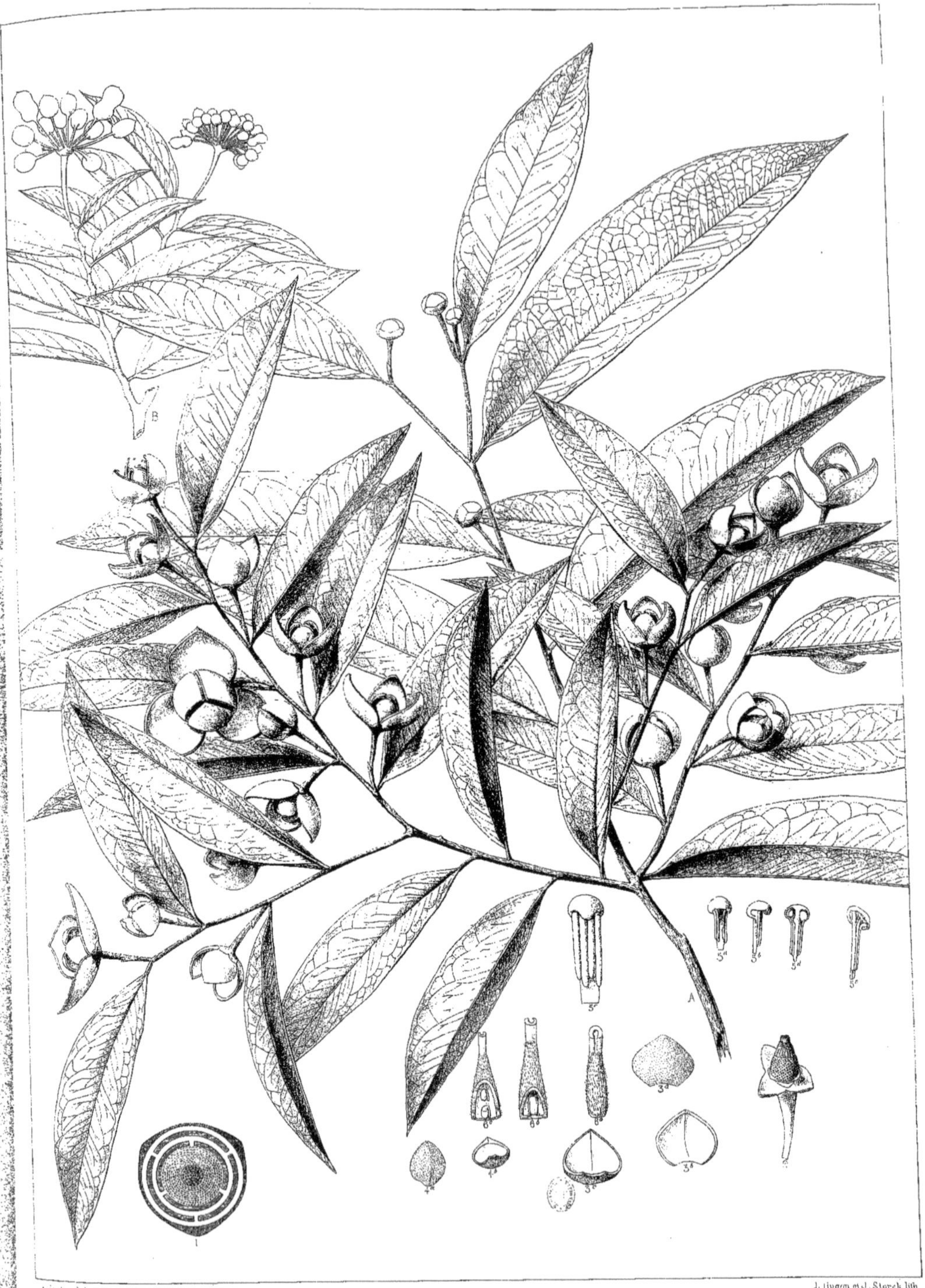

L. Delpy del. J. Hugon et J. Storck lith.

UNONA MESNYI Pierre.

Paris .. O. DOIN Edit. Imp. Becquet Paris

UNONA ODORATA

Dun. Anon., 108. — U. Leptopetala. Dun. Anon., 114., DC. Prod., 1, 90-91. Cananga odorata H. f., et T. *Fl. Ind.* 130. — H. f., et T. *Fl. Brit Ind.*, 1, 56-57; Kurz *Fl. Brit.* Burm., 1, p. 33; Deless. Ic. select. t. 88; Lam. Ill, t. 495, f. 1.

Hab. — Cette espèce est trouvée, à l'état de culture, dans beaucoup de villages de la basse Cochinchine et du Cambodge. (*Herb. Pierre*, n. 1744.) On la suppose originaire de Birmanie.

Dist : Malaisie, Polynésie, Australie.

Feuilles oblongues, ou ovales-oblongues, arrondies et légèrement obliques à la base, lancéolées, acuminées, pubescentes en dessous, glabres avec l'âge. Petites côtes au nombre de 12-18, élevées en dessous; nervation secondaire très espacée. Pédoncules penchés, pubescents, munis d'une bractée à la base et d'une bractéole vers la partie médiane, naissant au nombre de 5 à 8 au sommet de courts bourgeons. Sépales réfléchis. Pétales linéaires-oblongs, obtus, beaucoup plus longs que les pédoncules. Réceptacle hémisphérique, peu élevé. Étamines formant 7 rangées. Connectif lancéolé, glanduleux et pubescent. Carpelles au nombre de 12, pubescents ou presque glabres. Ovaire contenant 16 ovules bisériés. Baies stipitées, oblongues, déprimées entre les graines.

Arbre de 10 à 20 mètres. Rameaux écartés. Jeunes rameaux pubescents. Pétiole long de 1 cent. 1/2. Limbe long de 10-12 cent. sur 4-10 centim. Petites côtes atteignant presque le bord de la feuille, pubescentes; nervure secondaire presque parallèle, élevée sur les deux faces et pubescente dans le premier âge. Bractées et bractéoles ovales-oblongues, recouvertes, de même que les pédoncules, les sépales et les pétales, sur les deux faces, d'un tomentum gris-roux. Sépales ovales, obtus, longs de 6 à 7 millim. Pétales de longueur presque égale dans les deux séries, aplatis, longs de 4 à 5 cent.. Baies supportées par un pédicelle long de 2 à 2 cent. 1/2, contenant de 11 à 12 graines, superposées et séparées par de fausses cloisons. Graines ovales, comprimées ou aplaties. Testa brillant, ligneux, très dur. Radicule de même longueur que les cotylédons.

Je me range de l'opinion de M. Baillon (*Hist. des plantes*, Anon., 209) en considérant cet arbre comme un *Unona*. Dans ce genre, d'une espèce à l'autre, on trouve de très grandes dissemblances dans toutes les parties de la fleur, et particulièrement dans la forme des étamines. Celles-ci dans la même fleur affectent des formes très diverses. Ainsi, pour nous borner aux espèces de *Cananga* de M. Hooker, on peut constater dans l'*Unona* (*Cananga* H. f.) *monosperma* et surtout dans l'*Unona* (*Cananga* H.f.) *virgata* que les étamines des séries supérieures sont d'un *Uvaria* ou d'un *Popowia*, quand elles ne passent pas à l'état de staminode. Ces deux plantes doivent appartenir à deux sections distinctes du *Cananga*. L'*Unona virgata*, par ses étamines d'*Unona*, doit faire partie de la section *Meiogyne* caractérisée par le nombre réduit de ses étamines et de ses carpelles. Sa place, comme les *Cananga*, est près des *Melodorum*, à ovules bisériés. L'*Unona* (*Cananga*) *monosperma* doit être compris dans la section Desmos, car ses carpelles contiennent douze ovules unisériés. Le fruit de l'*Unona odorata* est exactement celui de l'*Unona Brandisana* Pierre.

Cet arbre fleurit toute l'année. On extrait de ses fleurs jaunâtres un parfum très estimé. En Birmanie, à Siam, au Cambodge, à Java, etc., elles sont aussi recherchées que celles du Jasmin sambac, du Champac, etc., dans les cérémonies religieuses et domestiques.

La croissance de l'*Unona odorata* est très rapide. Il fleurit après deux ans de plantation. Son bois est de peu d'utilité. Léger et corruptible comme celui de la plupart des Anonacées, on ne l'emploie guère que pour des ouvrages de peu de durée.

EXPLICATION DE LA FIGURE DE L'*UNONA ODORATA* DUN.

PLANCHE 18.

A. Rameau fructifère.

B. — florifère.

1. Calice vu dorsalement.
2. Fleur privée de ses pétales.
3, 4. Étamines vues de face et par derrière.
5. 1 carpelle.
6. Carpelle ouvert. L'artiste n'a pas donné le nombre exact des ovules.
7. Graine.
8. Coupe longitudinale d'une graine.
9. Diagramme.

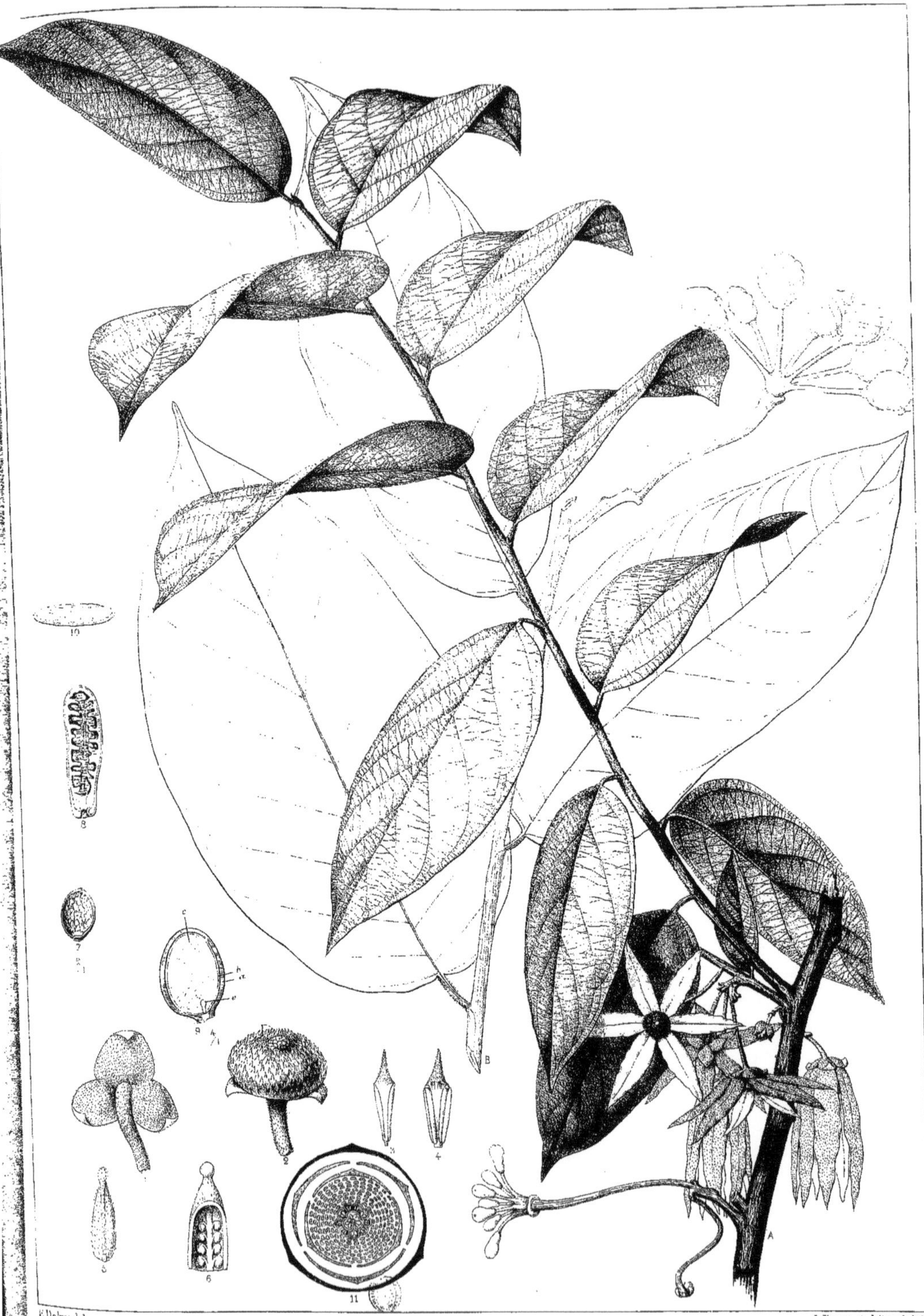

F.Delpy del.

L.Hugon et J.Storck lith.

UNONA ODORATA_Dun.

Paris_O.DOIN Edit.

ANONACÉES

UNONA BRANDISANA Pierre

Unona latifolia, H. f. et T. *Fl. Brit. Ind.*, 1, p. 60; Kurz, *For. Fl. Brit. Burm.*, 1, 35; nec *Unona latifolia*. Dun. Anon., p. 115. Dc. Prod. 1, 91; nec *Melodorum latifolium* H. f. et T. *Fl. Brit. Ind.*, 1, 79.

Annamite : Thôm shûi.

Hab. — Assez commun dans toutes les régions forestières de la basse Cochinchine et du Cambodge. (*Herb. Pierre*, n. 596 et 1797.)

Dist : Birmanie ; Siam !

Feuilles ovales ou ovales-oblongues, cordiformes, subitement acuminées, terminées par une pointe obtuse, pubescentes dans le premier âge, à la face supérieure, tomenteuses en dessous. Petites côtes au nombre de 24-28, très accentuées à la face inférieure. Fleurs tomenteuses au nombre de 1-3, naissant au sommet de courts bourgeons devenant extra-axillaires par le prolongement de l'axe. Pédoncules munis à la base d'une bractée foliacée, et, vers la partie médiane, d'une bractéole lancéolée. Sépales réfléchis après l'anthèse. Pétales linéaires-oblongs, 5-6 fois plus longs que les sépales, étranglés à la base, lancéolés et obtus au sommet, charnus. Étamines insérées, en plusieurs séries, sur un réceptale triangulaire peu élevé et déprimé au sommet. Anthères d'*Uvaria*, terminées par un connectif lamelleux, oblong, obtus, déprimé extérieurement et pubescent. Carpelles au nombre de 24; ovaires contenant de 3 à 6 ovules ; styles allongés, soudés et caducs. Baies cylindriques, déprimées entre les graines, et exactement conformées comme celles de l'*Unona odorata*.

Arbre de 15 à 25 mètres. Tronc grisâtre, raboteux. Rameaux ronds très étalés, tomenteux, puis glabres. Pétiole long de 12 à 20 millim., tomenteux. Feuilles souvent elliptiques, glabres à la surface extérieure et noirâtres après dessiccation, pâles en dessous, longues de 8 à 16 centim., larges de 7 à 11 centim. Pédoncules longs de 10 à 20 millim. Bractée ovale, tomenteuse, longue de 15 à 20 millim., large de 2 centim. Bractéole longue de 8 millim., large de 2-3 millim., lancéolée et tomenteuse de même que les sépales et les pétales. Sépales longs de 5 millim., obtus. Pétales longs de 4 à 7 centim., larges vers la partie médiane de 2 centim. Étamines au nombre de 240 environ, supportées par de courts filets aplatis. Anthères extrorses, surmontées d'un connectif de forme variable. Réceptacle velu. Carpelles pubescents. Les styles sont glabres, et soudés avec la dernière rangée d'étamines. Les ovules sont en nombre très variable dans les ovaires de la même fleur. Ils sont superposés, et naissent alternativement sur l'un et l'autre bord de la feuille carpellaire. Baies supportées par un pédicelle long de 5 millim., contenant de 2 à 3 graines. Elles ont 12 millim. sur 6 millim. Les graines sont superposées, légèrement aplaties, brunes et brillantes. Elles sont exactement conformées comme celles des *Unona*.

Obs. — Cette espèce, par son inflorescence, par la conformation de ses sépales, de ses pétales et de son fruit, rentre dans la section *Cananga*. Ses anthères sont celles d'un *Melodorum*, ou de certains *Uvaria*. Ses ovules ne sont pas, comme dans l'*Unona odorata*, franchement bisériés. En ouvrant l'ovaire du côté de la soudure de la feuille carpellaire, les ovules néanmoins restent attachés sur l'un et l'autre bord du carpelle. Je pense, pour ces raisons, que la place de cette espèce arborescente est dans la section *Cananga*, du genre *Unona*.

J'ai dû changer à regret le nom de cette plante, faisant double emploi avec l'*Unona latifolia*, Dun., *loc. cit.*, devenu le *Melodorum latifolium*, H. f. et T., *loc. cit.* Je suis de l'opinion de M. H. Baillon, *Gen. Plant. Anon.*, p. 213, en ne considérant les *Melodorum* que comme un sous-genre des *Unona*.

Cet arbre se dépouille pendant la saison sèche, peu de temps avant la floraison. Ses fleurs sont très odorantes, et peuvent être utilisées comme celles de l'*Unona odorata*. Son bois est blanc, mou et très corruptible. Il peut servir néanmoins pour vases, boîtes, manches d'outils, etc.

EXPLICATION DE LA FIGURE DE L'*UNONA BRANDISANA* PIERRE.

PLANCHE 19.

A. Rameau florifère.

B. — fructifère.

1. Fleur privée de son périanthe.
2. La même où il ne reste plus que les carpelles, privés de leurs styles.
3, 4. Pétales présentés sur leurs deux faces. Ils sont légèrement creusés à la face interne 4.
5. Étamines vues du côté extérieur *a*, et du côté intérieur *b*.
6. 1 Fleur, où les carpelles sont encore surmontés de leurs styles.
7. 1 Carpelle isolé.
8. Coupe longitudinale d'un ovaire.
9. Coupe — d'un fruit.
10. Diagramme.

PL. 19.

E. Delpy del. L. Hugon et J. Storck lith.

UNONA BRANDISANA Pierre

ANONACÉES

UNONA CORTICOSA Pierre

Annamite : Cây nhoc quich.

Espèce assez répandue dans les forêts de Baochiang, de Song lu, de Pho-Quá, de la province de Bien-hoa. (*Herb. Pierre*, n. 1875 et 1752.)

Jeunes rameaux soyeux. Pétiole très court. Limbe oblong, cunéiforme et obtus à la base, plus large dans la partie supérieure, obové, terminé par une queue obtuse ou subaiguë, coriace, brillant en dessus, pubescent sur les deux faces d'abord, soyeux seulement sur la côte et les petites côtes. Pédoncules, au nombre de 2-3, naissant au sommet de nodosités, situés aux axes privés de feuilles et munis d'une bractéole, vers la partie médiane. Sépales et pétales glabres en dedans. Étamines formant 5 à 6 séries sur un réceptacle élevé et velu. Carpelles biovulés, au nombre de 16 à 20. Baies presque sessiles, renflées, terminées par une pointe obtuse, ponctuées, contenant 1-2 graines superposées et séparées par de fausses cloisons.

Arbre de 20-25 mètres. Écorce épaisse, fibreuse et aromatique. Pétiole soyeux, long de 2-3 millim. Limbe long de 14 $^1/_2$ à 17 $^1/_2$ cent., large à la base de 5 millim., et vers le sommet, de 4 $^1/_2$ à 5 $^1/_2$ cent. Côte soyeuse sur les deux faces, creusée en dessus. Petites côtes, au nombre de 24-26, courant presque jusqu'au bord du limbe, élevées en dessous. Nervation secondaire, formant un réseau assez lâche. Pédoncule velu, long de 10 à 12 millim., muni à la base d'une bractée obtuse, plus petite que la bractéole. Sépales suboblongs, obtus, velus extérieurement. Pétales oblongs, obtus, charnus, velus en dehors, longs de 5 à 6 millim. Baies longues de 12 millim. (avant la maturité) sur 6 millim., d'abord velues, puis presque glabres et supportées par un pédicelle très court.

Obs. — Cette espèce entre dans la section *Eupolyalthia*, du grand genre *Unona*, tel que le comprend M. Baillon (*Hist. des Plantes*, p. 208-213). On ne peut séparer les *Guatteria* américains du sous-genre *Polyalthia* que par l'imbrication des sépales et des pétales, caractère effacé, mais qu'on retrouve dans quelques *Polyalthia* Indiens.

Le bois de cette espèce est très peu coloré. Son écorce est très subéreuse. Ses faisceaux libéro-ligneux, assez nombreux et divergents, expliquent l'emploi que l'on fait de son écorce comme lien de peu de durée dans les exploitations forestières. Les cellules scléreuses du parenchyme cortical, visibles à l'œil nu, ne diffèrent en rien de celles de la moelle, quant à leur coloration jaune orangé et quant à leur consistance. Elles sont longitudinales. Dans la moelle, elles sont transversales au contraire, et beaucoup moins nombreuses. Si on les compare à celles des *Illicium*, on voit que, dans la moelle, elles sont moins nettement séparées par zones, et qu'elles occupent transversalement un espace beaucoup plus restreint. Elles sont enfin plus rares et plus perdues au milieu des cellules polygonales qui les séparent. Les cellules quadrangulaires des rayons médullaires sont dentelées sur leurs bords. Celles d'une même rangée sont alternes avec celles des rangées voisines.

Le nombre des vaisseaux est considérable. Quand ils sont scalariformes, ils sont déroulables dans une certaine étendue, comme les trachées. Les fibres ligneuses sont minces, fusiformes et très longues. Leur groupement a lieu par faisceaux divergents, laissant entre eux de vastes espaces losangiques, remplis d'un parenchyme très mou. Il faut attribuer au grand nombre des vaisseaux, à l'épaisseur du parenchyme ligneux, autant qu'à la faible consistance de leurs éléments de formation, la légèreté du bois de cette espèce, et généralement de celui des Anonacées. Quant à la flexibilité qui caractérise le bois de cette famille, la longueur et la disposition des fibres l'expliquent aisément.

EXPLICATION DES FIGURES DE L'*UNONA CORTICOSA* Pierre.

PLANCHE 20.

A. Rameau florifère $\frac{1}{1}$.

B. Portion de jeune feuille, vue sur les deux faces $\frac{1}{1}$.

1. Coupe longitudinale d'une fleur.

2. Étamine vue de face ou extérieurement (*a*), et latéralement (*b*).

3. Ovaire coupé de manière à montrer l'ovule basilaire et ascendant.

PLANCHE 21.

A. Rameau fructifère. Les fruits ne sont pas arrivés à maturité $\frac{1}{1}$.

B, C. Portions d'une feuille âgée vue sur les deux faces.

1. Jeune fruit.

2, 3, 4. Coupe d'un jeune fruit.

D. Coupe transversate d'un rameau âgé de trois ans.

K. Coupe longitudinale tangentielle d'un rameau de l'année : 1, poils ; 2 cuticule ; 3, cellules du parenchyme cortical ; 4, fibres libériennes ; 5, cambium ; 6, jeune bois ; 7, cellules de la moelle.

E. Coupe longitudinale, tangentielle d'un rameau plus âgé : *a*, cuticule et suber ; *b*, cellules scléreuses allongées du parenchyme cortical ; *c*, fibres libériennes (cette lettre a été mal placée dans le dessin) ; *d*, parenchyme ligneux ; *e*, trachées ; *f*, moelle avec ses grandes cellules scléreuses.

F. Portion de bois suivant une coupe longitudinale, montrant la disposition des faisceaux de fibres ligneuses.

H, I. Vaisseaux.

G. Portion de bois montrant les cellules quadrangulaires des rayons médullaires.

L. Delpy del. J. Hagon et J. Storck lith.

UNONA CORTICOSA Pierre.

Pl. 21.

F. Delpy del. — L. Houen? la Storck lith.

UNONA CORTICOSA Pierre.

Paris, O. Doin Edit. — Imp. Becquet Paris

ANONACÉES

UNONA THORELII Pierre

Annamite : Gio tòm.

Espèce assez commune dans les provinces de Saïgon, de Bien-hoa et de Baria. (*Herb. Pierre*, n. 1506.)

Jeunes rameaux roux tomenteux, bientôt glabres. Pétiole court. Feuilles oblongues ou elliptiques, arrondies à la base, lancéolées et obtuses au sommet, pubescentes en dessous ou bientôt glabres, coriaces. Petites côtes au nombre de 20 à 26, distantes, élevées en dessous. Cymes naissant aux axes privés de feuilles. Pédoncules munis à la base d'une bractée et vers la partie médiane d'une bractéole caduque. Fleurs verdâtres recouvertes de poils gris tomenteux. Pétales oblongs, aplatis, obovés. Étamines insérées sur un réceptacle semi-sphérique et formant cinq rangées. Carpelles au delà de 35, à ovaires uniovulés et à stigmates agglutinés. Baies ovales et pédicellées, légèrement charnues et rougeâtres à la maturité.

Arbre de 20 à 25 mètres. Rameaux très écartés, arrondis. Pétiole épais, arrondi, long de 5 à 8 millim. Limbe long de 10 à 28 millim., le plus souvent de 16 à 18 millim., large de 5 à 11 millim., le plus souvent de 6 à 8 millim., rarement oblique à la base, terminé par une pointe très variable en longueur et souvent très peu prononcée. La côte et les petites côtes beaucoup plus développées que la nervation secondaire, en dessous, sont velues dans le premier âge ou simplement pubescentes. Les petites côtes viennent s'unir tout près de la marge. Les cymes sont longues de 3 à 5 centim. Elles sont, comme les sépales et les pétales velues, et grisâtres. Les pédoncules sont longs de 10 à 15 millim. Les bractées et bractéoles sont très petites et sont de même forme et consistance que le calice. Les folioles du calice sont obtuses, beaucoup plus petites que les pétales et réfléchies après l'anthèse. Les pétales sont longs de 8 à 10 millim., et larges de 4 millim. Le réceptacle hispide est très élevé et hémisphérique. Les étamines très nombreuses ont des anthères à loges parfaitement extrorses et sont surmontées d'un connectif épais et tronqué avec une dépression centrale. Les carpelles, après la chute des stigmates, sont à peine plus longs que les étamines. Les baies sont supportées par un pédicelle long de 10 à 15 millim. Elles sont légèrement oblongues, parfaitement glabres à la maturité et mesurent 25 millim. sur 15 millim. La graine est exactement celle des *Unona*, et de même forme que le fruit.

Obs. — Cette espèce est très voisine du *Polyalthia fragrans* Benth et H. F. habitant les versants occidentaux des Ghatts, dans le Concan et le Malabar. On l'en distingue par un pétiole plus court, des feuilles plus oblongues et munies d'un plus grand nombre de petites côtes, par des pétales plus petits et plus obtus, par un nombre plus considérable d'étamines et de carpelles, par la forme du stigmate, etc. Le nombre des étamines dans l'*U. fragrans* est de 80 environ et ses carpelles de 25 à 30. Ces deux espèces ont pour caractère commun d'avoir leur double corolle imbriquée avant l'anthèse. Rien alors, sauf un calice toujours valvaire, ne saurait les distinguer du genre *Guatteria* ou *Cananga* d'Aublet. Pour moi donc, toutes les espèces américaines décrites sous le nom de *Guatteria* ou de *Cananga*, de même que les *Polyalthia* indiens, sont des *Unona*, et doivent être rangées dans ce genre, dans deux sections portant les noms de *Polyalthia* et de *Guatteria*.

L'*Unona Thorelii* et l'*Unona fragrans*, d'après l'imbrication de leurs pétales, doivent être rangés sous les *Guatteria*. M. J. D. Hooker (*Fl. Brit. Ind.*, p. 92) comprend les *Sageræa* caractérisés par leur double corolle imbriquée sous les *Bocagea* à corolle valvaire. C'est une vue très hardie et qui pourrait être acceptée, si les *Sageræa* n'avaient aussi, pour les distinguer, des fleurs monoïques, et surtout si leurs étamines n'avaient une forme particulière de connectif. Il y aurait aussi peut-être avantage à réunir les *Uvaria* aux *Unona ;* car sauf l'état valvaire de la corolle dans la majorité des *Unona*, on ne saurait distinguer ces deux genres par aucun caractère constant. Une des preuves de la difficulté de les séparer existe dans les espèces à peine distinctes, *Uvaria micrantha* et *Uvaria sumatrana*, dont on a fait tour à tour des *Guatteria*, des *Polyalthia*, des *Anaxagorea* et des *Uvaria*, et qui appartiennent aux *Unona* par la majorité de leurs caractères.

EXPLICATION DE LA FIGURE DE L'*UNONA THORELII* Pierre.

PLANCHE 22.

A. Rameau florifère.
B. — fructifère.
C. Jeune rameau.
D. Section de feuille présentée sur les deux faces.
1. Fleur après l'anthèse, privée de trois de ses pétales et grossie.
2. Jeune fleur. A cet âge, les pétales des deux séries sont imbriqués : *a*, grandeur naturelle ; *b*, fleur grossie.
3, 4. Étamines vues sur les faces extérieure et latérale.
5, 6. Coupe longitudinale d'une jeune fleur.
7. Carpelle ouvert.
8. Diagramme d'une jeune fleur.

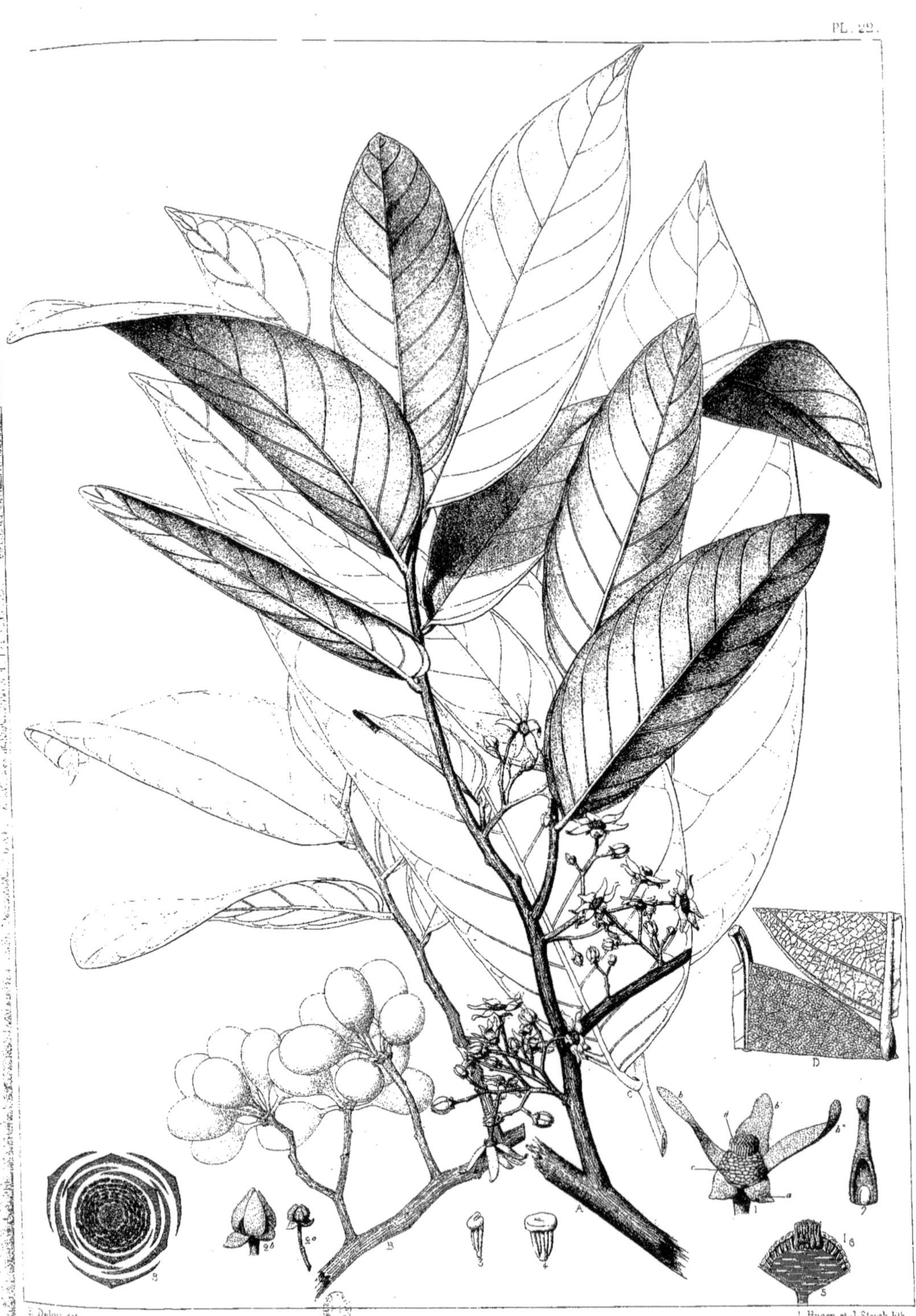

UNONA (Polyalthia) THORELII Pierre.

ANONACÉES

UNONA SIMIARUM H. Bn.

In *Adansonia*, VIII, 175, 348; *Hist. des Plantes*, Anonacées, p. 212-213; *Polyalthia Simiarum*, Benth., et H. f. Gen. Plant., 1, 25; *Flora Brit. Ind.*, 1, p. 63; *Guatteria Simiarum* Ham; *Guatteria fasciculata*, Wall., Mss.; Voyt. Hort. sub. Cal., 16.

Annamite et Moï : Mindo.

Hab. — Espèce très répandue dans toutes les provinces de la Basse-Cochinchine, principalement dans celles de Bien-hoa et de Baria, et dans celles de Komput, de Tpong, de Pusath et de Samrong tong au Cambodge. (*Herb. Pierre*, n. 739 et 1751.)

Dist : Siam. Région d'Attopeu. Harmand, n. 1400; Birmanie; Péninsule de Malacca; Assam; Silhet.

Jeunes rameaux pubescents ou tomenteux. Feuilles oblongues ou elliptiques-oblongues, lancéolées ou terminées par une pointe assez courte et obtuse, arrondies et légèrement obliques à la base; côtes sur les deux faces et petites côtes à la face inférieure plus ou moins pubescentes. Cymes velues, naissant aux axes privés de feuilles. Pédoncules grêles allongés et munis d'une bractéole médiane. Sépales très peu développés, unis à la base, obtus, réfléchis. Pétales linéaires-oblongs, étroits aux deux extrémités, obtus au sommet, striés, glabres en dedans, pubescents en dehors, jaunâtres. Réceptacle convexe creusé au sommet et hispide. Étamines insérées en 6 rangées. Carpelles au nombre de 60 environ; ovaires uniovulés, presque glabres à la base, velus vers le sommet. Baies stipitées, oblongues, glabres, rouges à la maturité.

Arbre de 25 à 30 mètres. Tronc grisâtre ayant un diamètre de 30 à 35 centim. Pétiole court, épais, ponctué ou chagriné, pubescent et long de 5 à 6 millim. Limbe long de 16 à 20 centim., large de 4 à 9 centim., pâle en dessous. Petites côtes espacées au nombre de 26 à 36, reliées par une nervation ondulée, élevées sur les deux faces. Pédoncules longs de 3 à 4 centim., velus. Bractées et bractéoles très courtes, obtuses, tomenteuses. Sépales longs de 2 millim., glabres en dedans. Pétales longs de 4 à 5 centim., larges au milieu de 5 à 6 millim., presque égaux dans les deux séries, légèrement pubescents, surtout vers la base extérieure, noirâtres à l'état sec. Étamines au nombre de 120 environ, supportées par un très court filet; anthères extrorses à loges inégales; connectif très épais tronqué ou bombé. Les carpelles sont terminés par un stigmate très velu, ayant 3 facettes latérales et s'arrondissant au sommet. L'ovule est solitaire ascendant, le micropyle tourné en bas et en dehors. Les baies sont portées par un pédicelle long de 5 à 6 centim.; elles sont ovales-oblongues et légèrement amincies aux deux extrémités. La graine, recouverte par un testa ligneux et brillant, est celle des *Unona* de la section *Polyalthia*.

Obs. — Suivant les localités, cette espèce offre des différences dans la forme des fleurs et des fruits assez notables. Ainsi nos échantillons n. 739, provenant de la province de Tpong au Cambodge et du plateau d'Attopeu, ont des feuilles moins arrondies à la base et plus obtuses au sommet; elles ont de 24 à 28 petites côtes au lieu de 32 à 36 que je rencontre dans ceux (n. 1751) provenant du jardin botanique de Calcutta et de la province de Bien-hoa, en Basse-Cochinchine. Les pétales sont aussi plus longs, plus larges et moins velus extérieurement dans les échantillons de la province de Tpong. Les fruits sont aussi plus courts que leurs pédicelles, dans les échantillons de Cochinchine.

La conformation du calice et de la corolle, si caractéristiques dans cette espèce, la fera toujours distinguer facilement. Dans nos échantillons de diverses provenances, le calice, le réceptacle, les étamines et les carpelles n'offrent aucune différence. Les feuilles dans les échantillons provenant du jardin botanique de Calcutta sont pubescentes sur la côte et les petites côtes, exactement comme celles de l'Indo-Chine.

L'*Unona simiarum* est un très bel arbre d'ornement. Les fleurs, très odorantes, pourraient être utilisées, avec avantage, dans l'industrie de la parfumerie. Son bois ne diffère pas de celui de l'*Unona Thorelii*. Il est employé pour meubles, cages d'éléphant, lambris, manches d'outils, etc.

EXPLICATION DE LA FIGURE DE L'*UNONA SIMIARUM* H. Bn.

PLANCHE 23.

A. Rameau florifère d'après un échantillon provenant de la province de Tpong et portant le n. 739.
B. — fructifère d'après un échantillon provenant de la province de Bien-hoa et portant le n. 1751.
1. Fleur privée de ses pétales.
2. Étamines des rangées extérieures *a*, *b*.
3. — intérieures *a*, *b*, *c*.
4. Carpelles ouverts.
5. Diagramme.

PL. 25.

UNONA SIMIARUM H. Bn.

Paris O. DOIN Edit.

Imp. Becquet. Paris.

ANONACÉES

UNONA HARMANDII Pierre

Assez fréquent dans les forêts s'étendant entre le Songbé et le Dongnai, dans la province de Bien-hoa. (*Herb. Pierre*, n. 1365.)

Jeunes bourgeons poilus. Feuilles supportées par un pétiole très court et épais, oblongues, lancéolées, obtuses, et légèrement obliques à la base, terminées par une pointe assez longue et quelquefois obtuse; membraneuses, pâles au-dessous, entièrement glabres à l'état adulte. Petites côtes au nombre de 18 à 26, ascendantes et très écartées. Cymes de 1 à 3 fleurs, naissant à l'axe des feuilles ou aux axes privés de feuilles. Pédoncule plus court que les fleurs et que les pédicelles des baies, munis à la base d'une bractée et vers le milieu d'une bractéole embrassante. Sépales ovales, soudés à la base, acuminés, non réfléchis après l'anthèse, velus et roux extérieurement, glabres en dedans. Pétales valvaires, 7 à 8 fois plus longs et plus larges que les sépales, à peu près d'égale longueur dans les deux séries, aplatis, aux deux extrémités, obtus et pubescents sur les deux faces. Étamines formant, sur un réceptacle bombé et hispide, 4 à 5 rangées. Carpelles au nombre de 47 environ, hispides à la base; ovaires uniovulés; stigmate gros, charnu, bombé et velu. Baies globuleuses, légèrement charnues, pubescentes et rouges à la maturité.

Arbre de 10 à 12 mètres. Tronc ayant un diamètre de 8 à 10 centim. Rameaux arrondis, tout à fait glabres à l'âge adulte. Pétiole arrondi, long de 4 à 6 millim., légèrement canaliculé en dessus, chagriné ou bosselé, tout à fait glabre. Limbe souvent arrondi à la base, long de 15 à 36 centim., le plus souvent de 25 à 28 centim.; large de 4 centim. à 10 centim., le plus souvent de 6 à 8 centim. Les petites côtes vont s'anastomoser tout près du bord. Elles sont reliées transversalement par des nervures espacées en zigzag et par des veines irrégulièrement réticulées; très élevées à la face inférieure, elles sont, de même que la côte, presque effacées ou déprimées en dessus. Les pédoncules sont longs de 3 à 6 millim. Les sépales, longs de 2 à 3 millim., ne sont pas réfléchis après l'anthèse. Les pétales sont longs de 3 à 4 centim., larges de 6 millim. Les étamines ont des anthères extrorses et portent un connectif épais, bombé dans les rangées supérieures et plus allongé dans les rangées inférieures. Les styles, oblongs et recourbés, sont caduques. Les graines ont exactement la forme du fruit et ne diffèrent en rien de celles du genre.

Obs. — Cette espèce est assez voisine de l'*Unona* (*Polyalthia Kurz*, dubia, *for. Fl. Burm*, I, p. 38-39), mais s'en distingue par des feuilles plus grandes et glabres, par des pétales non concaves, etc.

Cet arbre n'est pas bien droit. Son bois est jaunâtre, flexible et n'est que rarement employé. On en fait des chevilles et des manches d'outils.

EXPLICATION DE LA FIGURE DE L'*UNONA HARMANDII* PIERRE.

PLANCHE 24.

A. Rameau florifère.
B. — fructifère.
1. Diagramme.
2. Fleur grossie et privée de sa double corolle. (L'artiste n'a pas rendu la bractéole située au milieu du pédoncule.)
3. Fleur grossie où les pétales et les étamines manquent.
4. Pétale dans le premier âge.
5, 6. Carpelles.
7. Étamine.

UNONA HARMANDII Pierre.

ANONACÉES

UNONA JUCUNDA Pierre

Annamite : Nâp nui (*Baria*); Ma trinh (*Bien-hoa*).

Cette espèce est très répandue en Basse-Cochinchine, et au Cambodge, autant dans les forêts de plaine que dans celles de montagne. (*Herb. Pierre*, n. 207, 729 et 1795.)

Jeunes rameaux roux tomenteux. Feuilles courtement pétiolées, oblongues, lancéolées, accuminées et aiguës, obliques et obtuses à la base ou arrondies, presque membraneuses, velues sur les deux faces de la côte, sur les petites côtes et la nervation secondaire en dessous; brillantes en dessus, pâles en dessous. Fleurs très nombreuses et odorantes naissant en forme d'ombelle au sommet de courts bourgeons axillaires. Pédoncules munis à la base d'une bractée et, vers le milieu, d'une bractéole engaînante. Sépales légèrement soudés à la base, ovales, accuminés, obtus, réfléchis, tomenteux extérieurement, presque glabres à la base, intérieurement. Pétales oblongs, plus étroits aux deux extrémités, aplatis, charnus, obtus au sommet, à peu près d'égale longueur dans les deux séries, roux tomenteux sur les deux faces. Réceptacle triangulaire, velu, déprimé au centre et portant 5 à 6 rangées d'étamines. Carpelles à ovaire uniovulé, au nombre de 85 environ, plus ou moins velus; style glabre; stigmate épais, pubescent. Baies supportées par un pédicelle plus long que le pédoncule, ovales ou suboblongues, glabres, rouges à la maturité.

Arbre de 30 mètres. Tronc ayant un diamètre de 30 à 40 centim. Écorce grisâtre, épaisse, blanchâtre. Pétiole rond, de 5 à 8 millim., tomenteux. Limbe long de 16 à 35 cent., large de 5 à 10 cent., souvent arrondi au sommet, terminé par une courte pointe; presque entièrement glabre, à la face supérieure, dans l'âge adulte. Petites côtes, au nombre de 32 à 38, parallèles et ascendantes, arrondies tout près du bord. Pédoncule long de 3 cent. 1/2 à 4 cent.; roux tomenteux. Bractéole médiane obtuse, tomenteuse. Sépales longs de 4 millim. Pétales longs de 2 cent. 1/2 à 3 cent. 1/2, épais, légèrement inégaux ou plus petits dans la série intérieure, creusés à la base, fortement nervés, larges de 6 à 7 millim. Réceptacle hispide assez abaissé, tout à fait creusé dans la partie centrale, ou région carpellaire; très bombé à l'état fructifère, et ayant un diamètre de 2 cent. à 2 cent. 1/2 Étamines extérieures souvent avortées et terminées par un connectif d'*Uvaria;* elles sont fertiles dans les autres séries et leur connectif est alors bombé et épais comme celui des autres *Unona* de cette section. Les carpelles perdent leur style de bonne heure. Pédicelles des baies longs de 2 cent. 1/2 à 4 cent. 1/4. Baies longues de 26 millim. sur 12 à 15 millim. Elles sont légèrement charnues, complètement arrondies aux deux extrémités ou terminées par une courte pointe ou mamelon obtus. Graines recouvertes par un testa blanc jaunâtre et brillant; albumen ruminé. Radicule inférieure. Cotylédons très petits, ovales, oblongs, aplatis.

Obs. — Cette espèce appartient aux *Polyalthia* de la section Monoon. Elle est très voisine du *Polyalthia coffeoides*, Benth et H. f. et du *P. acuminata* (Thwaites, Enum., 399; *Flor. Brit. Ind.*, p. 62-63). De la première elle se distingue par des feuilles plus développées et non glabres, par la forme de la bractéole, du calice et du fruit. Elles ont à peu près la même forme de pétale. C'est, au contraire, par ce caractère qu'elle diffère principalement du *P. acuminata*. Elle a cette pièce beaucoup plus oblongue et surtout beaucoup moins large. Elle n'a pas aussi les fruits tomenteux. Il n'est guère possible de les reconnaître par leurs feuilles. Le trait le plus caractéristique de l'organisation de sa fleur consiste dans la forme aplatie et cintrée du sommet de son réceptacle.

Cet arbre est une des plus grandes Anonacées connues. Son bois d'un travail facile est jaunâtre. Il est flexible et léger. Il ne dure qu'à l'abri des intempéries. On en fait des planches, des poteaux, des jongs, des manches d'outils, etc.

EXPLICATION DE LA FIGURE DE L'*UNONA JUCUNDA* PIERRE.

PLANCHE 25.

A. Rameau florifère.

B. — fructifère.

1. Fleur privée de ses pétales.
2. — — et de ses étamines.
3. Coupe verticale d'une fleur.
4. Étamines vues du côté extérieur *a*, *b*; du côté intérieur *b*.
5. Carpelle.
6. — ouvert.
7. Coupe d'un fruit.

Pl. 25

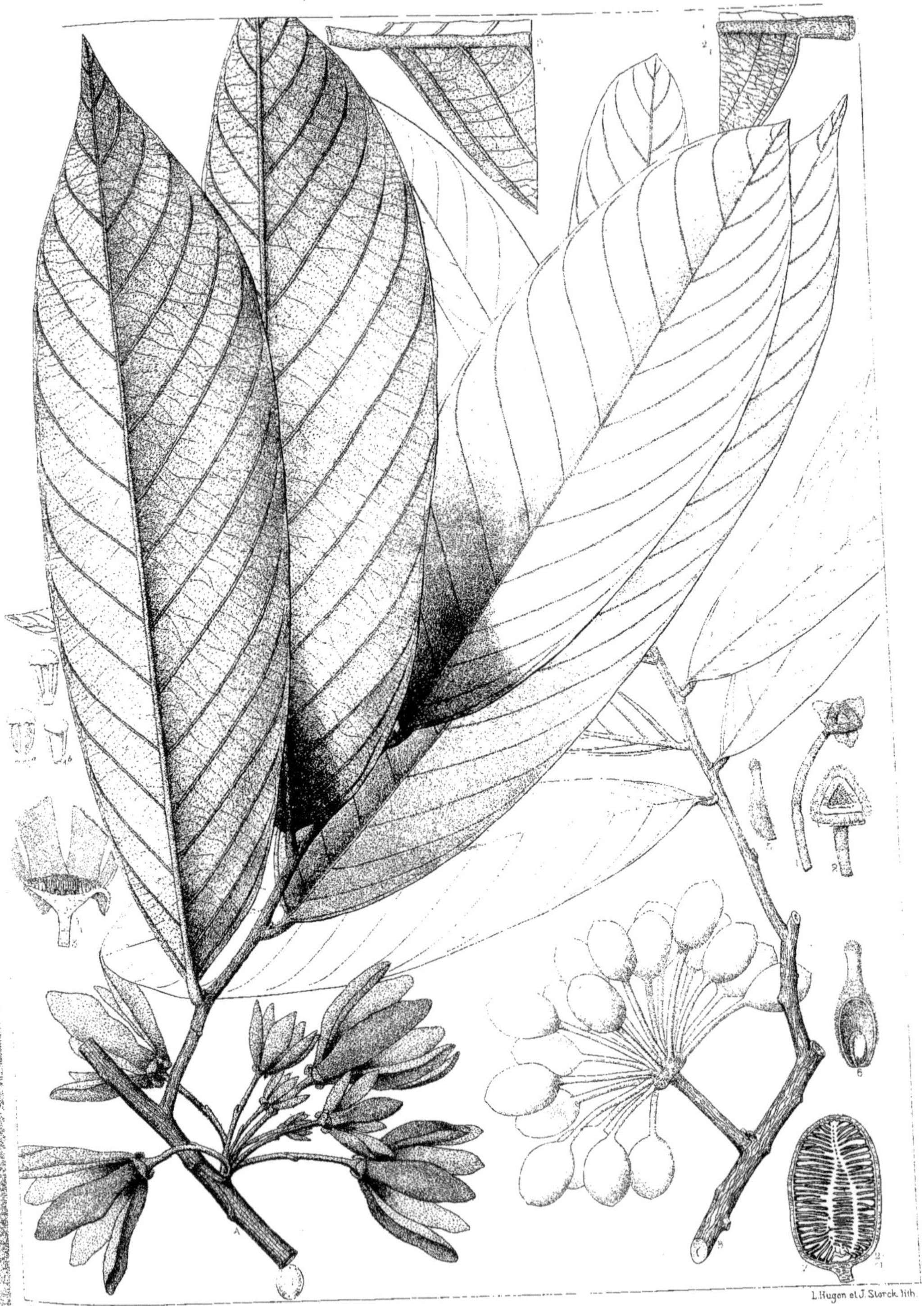

E. Delpy del.

L. Hugon et J. Storck lith.

UNONA JUCUNDA Pierre.

Paris _ O. DOIN Edit.

Imp. Becquet, Paris.

ANONACÉES

UNONA CERASOIDES H. Bn.

In *Adansonia*, VIII, 175, 348. *Hist. des Plantes*. Anonacées, 212-213. *Polyalthia cerasoides*, Benth et H. f. *Gualteria cerasoides*, Dun. Mem. Anon. 127; D. C. Prod. 1, 93; *Uvaria cerasoides* Roxb. *Corom. Pl.*, 1, t. 33.

Kmer : Padàc.

Assez rare dans les provinces françaises de la Basse-Cochinchine; très commun dans les provinces cambodgiennes de Tran, Bantéas Méas, Samrong Tong, etc.

Dist. : Siam, Birmanie et Inde.

Rameaux d'un roux tomenteux dans le jeune âge, puis ponctués et glabres. Feuilles oblongues, lancéolées, obliques, obtuses ou arrondies à la base, terminées par une pointe obtuse et assez longue, généralement plus larges vers la partie médiane, légèrement coriaces, glabres, excepté sur la côte, à la face supérieure, et velues sur la côte et les petites côtes en dessous. Fleurs axillaires, le plus souvent solitaires. Pédoncule de longueur très variable, portant une bractée vers la base et une bractéole vers le milieu; toutes deux fiolacées, sessiles et obtuses. Sépales ovales-oblongs, obtus, réfléchis, pubescents. Pétales oblongs, obovés ou obtus, concaves, recourbés, à peine plus petits dans la série intérieure, étroits aux deux extrémités et surtout à la base, charnus et pubescents. Réceptacle subcylindrique, très élevé, aplati au sommet, portant 4-6 rangées d'étamines extrorses; connectif très large, arrondi et déprimé au sommet et sur les bords. Carpelles, au nombre de 80 environ; ovaire uniovulé velu, terminé par un style recourbé, épaissi au sommet et pubescent. Baies rondes munies d'une petite pointe et supportées par un pédicelle long et grêle, rouges d'abord, puis violacées à la maturité.

Arbre de 15 à 20 mètres. Tronc atteignant un diamètre de 12 à 15 cent. Pétiole canaliculé, velu, long de 2 à 5 millim. Limbe long de 7 cent. ½ à 11 cent., large de 3 à 4 cent.; petites côtes, au nombre de 20-24, élevées, mais surtout en dessous, reliées par une nervation secondaire et des veines très accentuées sur les deux faces; brillantes, et souvent, après dessiccation, colorées en vert indigo en dessus, pâles en dessous. Pédoncules longs de 2 à 4 cent., ascendants et velus. Bractée située un peu au-dessus de la base, ovale, obovée, et plus petite que la bractéole, mesurant 2 à 3 millim. en hauteur, sur 3-4 millim. en largeur. Bractéole le plus souvent oblongue, accuminée ou obovée, toujours obtuse, longue de 15 millim., large de 8 millim. Sépales oblongs, lancéolés, obtus, soudés vers la base, velus extérieurement, pubescents en dedans, longs de 5 à 8 millim. Pétales en forme de cuilleron, très recourbés vers la base, et là, plus étroits; longs de 10 à 12 millim. sur 4 millim. ½ de large. Étamines portées sur de courts filets; anthères extrorses à loges inégales, souvent mal conformées dans les séries extérieures; connectif très épais, bombé ou plane au sommet, aplati sur les bords. Carpelles à peine plus longs que les étamines, constamment uniovulés. Ovule situé vers la base, ascendant, anatrope, tournant son micropyle en bas et en dedans. Baies portées sur un pédicelle très grêle, long de 2 à 3 centim.; ovales, glabres, recouvertes d'un périsperme charnu peu épais et de saveur assez fade, mesurant 8 millim. sur 6 millim. Graine ronde coiffée, autour du micropyle, d'un corps (arille?) assez dur à la dessiccation, mais différant complètement de la consistance ligneuse du testa. Le raphé fait, dans une dépression en forme de canal, creusé dans le testa, presque le tour complet de la graine. L'embryon, très petit, est logé à la base et regarde le micropyle.

Obs. — Cette espèce appartient à la section *Monoon* du sous-genre *Polyalthia*. Dans la présidence de Bombay, son bois passe pour avoir certaine valeur. Je ne pense pas néanmoins qu'il soit d'un usage bien grand, vu le peu de dimension de son tronc en hauteur et en diamètre. Il est jaunâtre, et sa durée doit être celle des espèces de la section *Polyalthia*. M. Brandis (Forest Flora, 1-5) dit que dans les Ghath l'*Unona cerasoides* devient un grand arbre et que son bois est estimé.

EXPLICATION DE LA FIGURE DE L'*UNONA CERASOIDES* H. Bn.

PLANCHE 26.

A. Rameau florifère.

B. Jeune rameau.

C. Section grossie d'une feuille vue du côté de sa face inférieure.

1. Coupe verticale d'une fleur $\frac{3}{1}$.
2. Pétale vu du côté extérieur *a*; et intérieur (*b*) $\frac{3}{1}$.
3. Étamines *a*, *b*, *c*, *d*, présentées dans diverses positions $\frac{12}{1}$.
4. Carpelle ouvert $\frac{10}{1}$.
5. Graine (*a*), coupée verticalement (*b*); corps dur, pouvant être un arille (*a*), et coiffant la base de la graine. Canal circulaire du raphé (*b*); tégument externe ligneux (*c*), pénétrant l'albumen (*e*) et le séparant en lamelles (*d*). Embryon (*a*).

UNONA CERASOÏDES_H. Bn.

ANONACÉES

UNONA TRISTIS Pierre

Espèce assez rare dans les provinces de Tayinh et de Baria, commune dans celle de Bien-hoa, entre la jonction des fleuves Songbé et Dongnai. (*Herb. Pierre*, n. 1328.)

Jeunes rameaux pubescents, bruns ou noirâtres. Feuilles courtement pétiolées, oblongues, lancéolées, terminées par une pointe assez longue, aiguës ou légèrement obtuses à la base, épaisses, coriaces, pâles ou presque argentées en dessous, brillantes à la face supérieure, verdâtres après dessication. Petites côtes, au nombre de 24 à 36, plus ou moins distinctes ou accusées, s'unissant loin du bord du limbe, déprimées ainsi que la côte en dessus. Cymes de 1 à 3, fleurs très petites, extra-axillaires, presque sessiles sur un bourgeon très court et chargé de bractées pubescentes. Sépales soudés à la base, aigus et glabres en dedans. Pétales de la série intérieure deux fois plus grands que ceux de la première, oblongs, obtus, concaves, épais et recourbés sur le gynécée. Réceptacle très abaissé, légèrement déprimé au centre et portant trois rangées d'étamines. Carpelles au nombre de 18 environ; ovaires uniovulés pubescents et terminés par un style très court, épais, arrondi au sommet et glabre.

Petit arbre de 5 à 8 mètres d'élévation. Pétiole très court, épais, subailé, canaliculé en dessus, long de 1 à 3 millim. Limbe long de 9 à 18 cent. sur 2 à 5 cent. de large, courant sur le pétiole. La nervation secondaire forme un réseau très lâche, irrégulier et assez accusé en dessous. Les sépales sont ovales, lancéolés, velus en dehors, longs de $^{3}/_{4}$ de millim. à 1 millim. Les pétales sont dans les deux séries, velus ou pubescents à la face externe et glabres en dedans, très obtus et recourbés en dedans. Les pétales extérieurs, en forme de cuilleron, sont longs de 1 millim. $^{1}/_{4}$ à 1 millim. $^{3}/_{4}$. Les pétales intérieurs sont longs de 2 millim. $^{1}/_{2}$ à 3 millim. $^{1}/_{2}$. Les étamines, au nombre de 36 environ, sont supportées par un filet très court. Les loges de l'anthère sont sensiblement inégales. Le connectif, très épais, est arrondi, court et épais. Le nombre des carpelles est très variable. Ils sont unis par la matière cireuse qui recouvre leur surface stigmatique et tombent tout d'une pièce. L'ovule, attaché à la base interne, est ascendant et a le micropyle tourné en bas et en dehors. Le fruit est inconnu.

Obs. — Cette espèce et la suivante diffèrent des *Trivalvaria* de Miquel par un réceptacle très abaissé et par des ovaires uniovulés. Elle s'en rapproche au contraire par la conformation de ses pétales. Tous ses autres caractères sont de la section *Monoon* du sous-genre *Polyalthia*, dont elle se distingue par des pétales d'inégal développement dans les deux séries.

Ce petit arbre aime les terrains argileux. Son tronc a un diamètre de 5 à 6 centim. Il se recommande à la culture par l'originalité de son feuillage. Au point de vue forestier, son utilité est très contestable. Son bois jaunâtre et assez dur est néanmoins utilisé par les indigènes pour claies et chevilles.

EXPLICATION DE LA FIGURE DE L'*UNONA TRISTIS* Pierre.

PLANCHE 27.

A. Rameau florifère.

B. Face inférieure d'une portion de feuille.

1. Fleur $\frac{3}{1}$.
2. Coupe longitudinale d'une fleur $\frac{3}{1}$.
3. Pétale extérieur $\frac{4}{1}$.
4. Pétale intérieur $\frac{15}{1}$.
5. Étamines présentées sur les faces extérieure *a*, latérale *c* et intérieure ou dorsale *b* $\frac{15}{1}$.
6. Carpelle ouvert $\frac{20}{1}$.

E. Delpy del.

L. Hugon et J. Storck lith.

UNONA TRISTIS Pierre.

Paris, O. Doin, Edit.

UNONA MODESTA Pierre

Espèce assez rare dans les montagnes de Dai, de la province de Chaudoc et dans celle de Kerécv, de la province de Samrongtông (*Herb. Pierre*, n. 3614); commune près des cataractes de Không du fleuve Mé-Kong (Coll. Harmand, n. 151) et dans la province de Bien-hoa, vers le mont Lu.

Jeunes rameaux glabres, ponctués et noirâtres. Feuilles oblongues, lancéolées, terminées par une pointe assez longue et légèrement obtuse; obliques et aiguës à la base; portées par un court pétiole canaliculé; coriaces, brillantes en dessus, pâles en dessous, entièrement glabres. Petites côtes, au nombre de 28 à 36, élevées sur les deux faces; nervation secondaire très largement réticulée, souvent irrégulière, assez accentuée en dessous, déprimée ainsi que la côte en dessus. Cymes le plus souvent uniflores, oppositifoliées ou extra-axillaires. Pédoncule plus long que le pétiole, portant 2 ou 3 bractées à la base. Sépales ovales-lancéolés, soudés à la base, pubescents. Pétales intérieurs 2-3 fois plus grands que ceux de la série extérieure; tous oblongs, concaves, obtus, charnus et pubescents en dehors, glabres en dedans, jaunâtres. Réceptacle large, abaissé, presque triangulaire, déprimé ou légèrement concave au sommet, très velu. Étamines oblongues, pédicellées, formant 5 à 6 rangées. Carpelles au nombre de 90, velus, terminés par un style court, arrondi au sommet et pubescent. Baies ovales-oblongues et terminées par une petite pointe.

Arbre de 10 à 15 mètres. Rameaux très pressés et ascendants. Écorce noirâtre, peu épaisse, très fibreuse. Pétiole long de 2 à 5 millim., canaliculé en dessus, glabre. Limbe long de 12 à 20 cent., large de 5 cent. ½ à 4 cent. ½, très inégal à la base. Pédoncule naissant au sommet d'un bourgeon très court, long de 10 à 15 millim. Fleur large de 10 à 12 millim. Sépales ondulés, réfléchis, terminés par une pointe assez longue, beaucoup plus petits que les pétales, longs de 1 millim. ½ environ. Pétales intérieurs longs de 9 à 10 millim., larges de 7 à 8 millim.; pétales extérieurs longs de 4 à 5 millim. sur 3 à 4 millim. de large. Étamines, environ 120, oblongues. Leurs filets, larges, aplatis, sont presque aussi longs que les anthères. Celles-ci ont des loges inégales, extrorses et sont surmontées d'un connectif, large, peu épais, arrondi au sommet. Les carpelles sont de même longueur que les étamines. L'ovule, inséré au bas de la loge, est ascendant, anatrope avec le micropyle tourné en bas et en dehors. Les fruits sont portés par un pédicelle long de 2 cent. Ils sont longs de 18 millim. et ont un diamètre de 8 à 9 millim. Le périsperme est peu épais, glabre et brillant. La graine ne diffère en rien de celles des Anonacées du sous-genre *Polyalthia*.

Obs. — Cette espèce appartient à la même section que l'*Unona tristis*, dont elle diffère principalement par la glabrescence, des pédoncules plus longs et des fleurs plus grosses. Elle paraît être également voisine du *Polyalthia costata*, H. f. et T., dont elle se distingue par des feuilles glabres et la longueur des pédoncules.

Il n'y a pas à faire cas de cette espèce dans le reboisement de nos forêts. Elle est aussi peu utile que l'*Unona tristis* et aussi peu répandue.

Une espèce, évidemment très voisine de l'*Unona modesta*, et dont nous ne connaissons pas les fleurs, habite les élévations montagneuses de la province de Kamput, au Cambodge, et le voisinage de la ville de Petchapury dans le royaume de Siam. Ses fruits sont ovales et portés par un pédicelle plus court. En voici la description :

UNONA CONCINNA Pierre. — Petit arbre de 5 à 6 mètres. Jeunes rameaux noirâtres et glabres. Feuilles oblongues ou elliptiques-oblongues, terminées par une courte pointe obtuse, arrondies ou aiguës et obliques à la base, coriaces et glabres. Petites côtes au nombre de 24 à 28, très distantes, unies loin du bord et reliées par une nervation espacée et largement réticulée. Pédoncule oppositifolié ou extra-axillaire. Pédicelle du fruit à peine plus long que le fruit. Baies ovales, arrondies, brillantes et glabres.

Pétiole long de 6 à 8 millim. Limbe long de 14 cent. ½ à 20 cent. ½; large de 5 cent. ½ à 7 cent., brillant en dessus, pâle en dessous. La côte est déprimée en dessus et élevée en dessous; les petites côtes sont légèrement accentuées sur les deux faces. Pédoncule long de 10 à 15 millim. Pédicelle du fruit long de 5 à 8 millim. Baie longue de 8 à 10 millim. Graine conformée comme celles des espèces du sous-genre *Polyalthia*.

EXPLICATION DE LA FIGURE DE L'*UNONA MODESTA* Pierre.

PLANCHE 28.

A. Rameau fructifère et florifère de l'*Unona modesta*.

C. Portion de feuille grossie $\frac{3}{1}$.

1. Fleur grossie $\frac{3}{1}$ de l'*Unona modesta*.
2. Coupe longitudinale d'une fleur $\frac{3}{1}$.
3. Étamines présentées du côté extérieur (*a*), latéral (*b*) et intérieur (*c*).
4. Ovaire (*a*), ouvert longitudinalement (*b*). L'artiste n'a pas représenté la pubescence qui recouvre le sommet du style $\frac{20}{1}$.
5. Graine $\frac{1}{1}$.
6. Coupe longitudinale d'une graine ; testa ou tégument externe *a* ; canal raphéen *b* ; albumen pénétré par le testa *c* ; embryon *d*.

H. Rameau fructifère de l'*Unona concinna* Pierre.

A.C. 1 à 6 —— UNONA MODESTA Pierre
B. —————— UNONA CONCINNA Pierre

ANONACÉES

UNONA DEBILIS PIERRE

Annamite et Moï : Náp ou Niáp.

Espèce très commune de la province de Bien-hoa, dans les régions du Song-lu et de Bao-Chiang ; dans les monts Cau Thivai, de Dinh, de Baria et dans les montagnes de Dai et de Câm de la province de Chaudoc. (*Herb. Pierre*, n. 289, 1763, 1765 et 1771.)

Jeunes rameaux roux, tomenteux ou bruns, ponctués et glabres dans la vieillesse. Feuilles presque sessiles, oblongues, lancéolées, terminées par une pointe courte et obtuse, cordées ou arrondies et obliques à la base; coriaces, glabres et luisantes en dessus; pâles, velues ou pubescentes sur la côte et les petites côtes en dessous et presque glabres à l'âge adulte. Petites côtes au nombre de 24-26, de même que la côte et la nervation secondaire à peine visibles en dessus, très accentuées en dessous. Fleurs le plus souvent solitaires, oppositifoliées ou extra-axillaires, sessiles. Sépales oblongs, obtus, d'un roux tomenteux en dehors, glabres en dedans. Pétales, de longueur presque égale, linéaires-oblongs, terminés par une pointe obtuse, concaves en dedans, très épais, velus sur le dos, glabres du côté intérieur. Réceptacle presque cylindrique, déprimé au sommet, très velu. Étamines formant trois rangées. Carpelles au nombre de 6 à 12 ; ovaires biovulés et velus. Baies presques sessiles, ovales ; étranglées quand elles sont composées de deux graines et alors oblongues; terminées par une courte pointe et pubescentes.

Arbre de 6 à 10 mètres. Rameaux grèles, tortueux et penchés. Pétiole épais, long de 2 à 4 millim., très tomenteux. Limbe des feuilles long de 7 à 10 cent., larges de 25 à 35 millim., plus large à la base. Fleurs étalées ayant un diamètre de 8 à 10 millim. Sépales soudés à la base, longs de 2 millim. Pétales longs de 5 à 8 millim. Les intérieurs un peu plus courts sont légèrement concaves à la base. Étamines supportées par un filet très court, oblongues et plus larges au sommet qu'à la base. Les loges de l'anthère sont inégales. Le connectif est épais, bombé ou tronqué. Les ovules sont superposés et insérés, l'un sur le bord gauche, l'autre sur le bord droit de la feuille carpellaire. Ils sont opposés par leurs raphés et ascendants. Leur micropyle est tourné en dehors et en bas. Les baies ont un périsperme très peu épais. Elles mesurent en hauteur 10 à 12 millim. et en diamètre 6 à 8 millim. Les graines sont celles des *Unona*.

OBS. — L'*Unona debilis* appartient à la section *Eupolyalthia* du sous-genre *Polyalthia*. Par ses pétales légèrement concaves et recourbés au sommet, elle se rapproche aussi de la section *Trivalvaria*. Elle croît ordinairement dans les terrains arides et pierreux. Son tronc, peu droit, n'atteint pas plus de 4 à 6 cent. de diam. Son bois, blanc ou jaunâtre, quoique assez dur, est peu utilisé. C'est une espèce à dédaigner dans nos plantations forestières.

EXPLICATION DE LA FIGURE DE L'*UNONA DEBILIS* PIERRE.

PLANCHE 29.

A. Rameau florifère.

B. — fructifère.

C. Face inférieure d'une section de feuille agrandie $\frac{2}{1}$.

1. Coupe longitudinale d'une fleur $\frac{3}{1}$.
2. Pétale présenté du côté de sa face interne, légèrement concave à la base $\frac{2}{1}$.
3. Étamines présentées du côté extérieur (*a*), latéral (*c*) et intérieur (*b*).
4. Carpelle ouvert $\frac{10}{1}$.
5. Baie $\frac{1}{1}$.
6. Coupe d'une baie $\frac{1}{1}$.

E. Delpy del.

L. Hugon et J. Storck lith.

UNONA DEBILIS Pierre.

Paris, O. DOIN Edit.

Imp. Bocquet, Paris.

ANONACÉES

UNONA LUENSIS Pierre

Espèce assez rare des provinces de Bien-hoa et de Baria. (*Herb. Pierre*, n. 1366.)

Jeunes rameaux velus et roussâtres. Feuilles courtement pétiolées, oblongues, lancéolées, terminées par une pointe presque aiguë ou obtuse, arrondies ou subcordées et obliques à la base, légèrement membraneuses, velues ou pubescentes sur la côte, en dessus et en dessous, et sur les petites côtes, à la face inférieure seulement. Petites côtes au nombre de 30 à 36, unies bien avant le bord du limbe, très élevées en dessous, réunies par une nervation secondaire accusée sur les deux faces et composée de mailles très espacées et irrégulières. Pédoncule axillaire, uniflore, très long, velu, muni au-dessus du milieu de deux larges bractées foliacées, espacées et alternes. Bractéoles ovales-oblongues, obtuses, de même consistance que les feuilles. Sépales libres jusqu'à la base et légèrement imbriqués, ovales-oblongs, lancéolés, obtus, glabres en dedans. Pétales valvaires, à peu près d'égale longueur dans les deux séries, oblongs, lancéolés, obtus, velus en dehors, pubescents en dedans. Réceptacle presque pyramidal, légèrement plane au sommet, velu. Étamines extrorses formant cinq séries. Carpelles velus, au nombre de 15 à 20; ovaires uniovulés. Baies ovales, oblongues, moins larges que leurs supports.

Arbre de 1 à 3 mètres. Rameaux très allongés, retombants et comme grimpants. Pétiole épais, très velu, d'un roux tomenteux, long de 2 à 3 millim. Feuilles longues de 12 à 22 cent.; larges de 4 à 5 cent., terminées par une queue assez longue, et légèrement coriaces; brillantes en dessus, pâles en dessous. Pédoncule long de 4 à 5 cent. Bractées longues de 15 à 18 millim., larges de 7 à 9 millim., presque sessiles, velues sur la côte et les petites côtes, d'inégale dimension. Sépales longs de 5 millim. 1/2 et larges à la base de 4 millim. Pétales longs de 6 à 7 millim., dans les jeunes fleurs, et larges à la base de 3 millim. Étamines portées par un filet très court. Anthères à loges inégales et terminées par un connectif presque oblong dans la première rangée, angulaire et tronqué dans les séries intérieures. Baies glabres, terminées par une courte pointe, pourpre à la maturité, larges de 9-11 millim. sur 6 à 7 millim. Graines exactement conformées comme celles des espèces du genre.

Obs. — Cette espèce est voisine, par son inflorescence, de l'*Unona cerasoides*, dont elle a à peu près les mêmes bractées. Elle s'en distingue d'ailleurs aisément, surtout par la forme de ses pétales aplatis et non charnus. Elle peut être rangée aussi dans la section *Monoon* du sous-genre *Polyalthia*, malgré cette différence de conformation des pétales et malgré ses sépales légèrement imbriqués. Les sépales et les pétales ont des formes très diverses dans les espèces de la section *Polyalthia*. Nous avons déjà constaté, dans l'*Unona Thorelii*, des pétales imbriqués comme ceux d'un *Guatteria* ou *Cananga* américain. L'imbrication des sépales de l'*Unona Luensis* indique encore qu'il n'est pas possible de séparer les *Guatteria* des *Unona*, dont ils ne doivent former qu'un sous-genre, à peine distinct des *Polyalthia*.

L'*Unona Luensis* n'a pas grande valeur comme espèce forestière. Les indigènes lui reconnaissent un bois flexible, qu'ils utilisent quelquefois pour la fabrication de leurs arcs. Elle est plus intéressante au point de vue ornemental. Ses fleurs sont jaunâtres et très odorantes.

EXPLICATION DE LA FIGURE DE L'*UNONA LUENSIS* PIERRE.

PLANCHE 30.

A. Rameau florifère.

B. — fructifère.

1. Diagramme. Par erreur, les sépales sont représentés comme valvaires.
2. Fleur grossie, privée de ses sépales, de ses pétales et d'une partie de ses étamines.
3. Étamines de différentes formes, suivant leur hauteur d'insertion sur le réceptacle.
4. Carpelles dont un (*c*) est ouvert, l'autre (*b*) est normal, c'est-à-dire couronné de son stigmate : le premier (*a*) a perdu son sommet stigmatique.
5. Coupe longitudinale d'un fruit.

E. Delpy del.

J. Hugon et J. Storck lith.

UNONA LUENSIS Pierre.

UNONA EVECTA Pierre

Habite toute la Basse-Cochinchine, le Cambodge et le Laos.

Dist. : Siam ! Philippines ?

Rameaux velus, brun roussâtre, glabres à l'état adulte et ponctués. Feuilles courtement pétiolées, linéaires oblongues, lancéolées, terminées par une pointe obtuse; étroites, arrondies ou cordées et obliques à la base; légèrement coriaces et presque membraneuses; glabres, excepté sur la côte en dessus, plus ou moins velues ou pubescentes en dessous et presque glabres à l'état adulte. Pédoncule oppositifolié ou extra-axillaire, le plus souvent solitaire, pubescent, naissant sur un bourgeon très petit et squameux; muni enfin d'une bractée linéaire caduque submédiane. Sépales ovales lancéolés, aigus, velus en dehors, glabres en dedans. Pétales d'inégal développement dans les deux séries, pubescents ou velus en dehors, glabres en dedans. Ceux de la série extérieure sont plus petits; ils sont ovales-oblongs, lanceolés, très aigus; ceux de la série intérieure sont elliptiques-oblongs, obovés ou obtus et plus développés en largeur et en longueur que ceux de la série extérieure. Réceptacle hémisphérique ou subcylindrique, concave au sommet, glabre ou presque glabre vers la base et velu au point d'insertion des carpelles. Étamines formant 2 et le plus souvent 3 séries. Connectif épais, arrondi. Carpelles au nombre de 15 à 60. Ovaires uniovulés et velus. Baies pisiformes, pubescentes dans la jeunesse, puis glabres.

Obs. — J'ai fait figurer trois formes de l'*Unona evecta*. Elles peuvent, à la rigueur, être acceptées comme des espèces distinctes. Cependant, comme elles ne diffèrent essentiellement que par le nombre de leurs carpelles, j'ai préféré ne les considérer que comme variétés d'un seul type. Ses fleurs et son fruit, sauf de légères différences, sont semblables à ceux de l'*Unona suberosa*. On la distingue de cette espèce par des feuilles linéaires-oblongues, lancéolées, obtuses, et par la forme des pétales intérieurs.

α. *Intermedia*. Pl. 31, A.

Arbrisseau multicaule de 50 centim. à 1 mètre d'élévation. Feuilles longues de 6 à 14 centim. sur 2 à 4 centim. de large, glabres de bonne heure, souvent rougeâtres en dessus, après dessiccation; presque coriaces. Pédoncules au nombre de 1 ou 2, larges de 2 à 3 centim. Sépales longs de 2 millim. sur 1 millim. ½. Pétales extérieurs larges de 4 millim. sur 2 millim. Pétales intérieurs larges de 8 millim. sur 10 millim. Carpelles au nombre de 10 à 20, généralement au nombre de 15, comme dans l'*Unona suberosa*. Cette forme sert d'intermédiaire entre l'*U. evecta* et l'*U. suberosa*. (*Herb. Pierre*, n. 289ᵃ, 289ᵇ et 824.)

β. *Baochianensis*. Pl. 31, B.

Petit arbre de 8 à 10 mètres. Feuilles longues de 6 centim. ½ à 17 centim., le plus souvent mesurant de 12 à 14 centim., larges de 2 à 5 centim., beaucoup plus velues que dans les autres variétés, presque membraneuses. Pédoncule solitaire long de 3 centim., très velu. Sépales longs de 2 millim. ¼ et larges à la base de 2 millim. ¾. Pétales extérieurs longs de 5 millim. ½ sur 3 millim. Pétales intérieurs longs de 8 à 9 millim. sur 4 millim., obovés. Carpelles au nombre de 40 à 60. C'est le type de l'*Unona evecta*. (*Herb. Pierre*, n. 1762.)

γ. *Attopeuensis*. Pl. 31, C.

Feuilles presque glabres ou bientôt glabres, membraneuses, longues de 6 centim. à 16 centim., larges de 28 millim. à 48 millim. Pédoncule solitaire oppositifolié, long de 12 à 22 millim. Fleurs plus petites et moins velues. Sépales longs de 2 millim. sur 2 millim. ½. Pétales extérieurs longs de 4 millim. ½ et larges de 3 millim. Pétales intérieurs légèrement lancéolés, longs de 7 centim. et larges de 4 millim. ½. Carpelles au nombre de 30 environ. Fruit inconnu. (*Herb. Pierre*, n. 1794. Coll. Harmand, n. 1394.)

Obs. — Le bois des variétés de l'*Unona evecta* est sensiblement semblable. Il est blanc jaunâtre, dur, très flexible et d'une utilité restreinte à cause du peu de développement de son tronc. Ses feuilles, comme celles de beaucoup d'Anonacées, sont employées en infusion théiforme pour combattre la fièvre. Elles sont préalablement, comme celles du thé, légèrement desséchées au feu, afin d'enlever la chlorophylle.

EXPLICATION DES VARIÉTÉS DE L'*UNONA EVECTA* Pierre.

PLANCHE 31.

A. Rameau florifère et fructifère de la variété intermédiaire. Avec portion de feuille agrandie $\frac{2}{1}$.

B. — — de la variété β. *Baochianensis* avec portion de feuille agrandie $\frac{2}{1}$.

C. — — de la variété γ. *Attopeuensis* avec portion de feuille agrandie $\frac{2}{1}$.

1. Coupe longitudinale d'une fleur $\frac{10}{1}$.
2. Carpelle ouvert (*a*).
3. — très velu (*a*) figurant l'état ordinaire de cet organe dans les fleurs des trois variétés ; carpelle non ouvert et pubescent (*b*). On rencontre cette forme quelquefois dans la variété *Attopeuensis*.
4. Coupe longitudinale d'un fruit.

E. Delpy del. L. Hugon et J. Storck lith.

UNONA EVECTA Pierre.

A. var α intermedia.

ANONACÉES

UNONA HANCEI Pierre

Hab. — Espèce assez fréquente dans la province de Bien-hoa, principalement dans les régions du Songbé, de Chiao-Xhan et de Baochan. (*Herb. Pierre*, n. 1791, 1750 et 1369.)

Jeunes rameaux pubescents dans le jeune âge; bientôt glabres et ponctués. Feuilles oblongues ou linéaires-oblongues, lancéolées, terminées par une pointe assez courte et obtuse, cunéiformes ou obtuses à la base, rigides ou coriaces, entièrement glabres, brillantes en dessus et légèrement glauques. Petites côtes au nombre de 18 à 24, très distantes, également élevées sur les deux faces, reliées par une nervation composée de mailles très larges et par des veines aréolées, très accentuées sur les deux faces. Pédoncule solitaire à l'aisselle des feuilles, muni à la base de bractées imbriquées et d'une bractéole ovale lancéolée sub-médiane; légèrement pubescent, puis glabre. Sépales ovales, obtus, soudés à la base, pubescents. Réceptacle très élevé, sub-cylindrique et déprimé au sommet. Étamines formant 5 à 6 séries. Anthères à loges inégales, surmontées d'un connectif tronqué, ou arrondi, très épais. Carpelles velus au nombre de 60 à 70; ovaire uniovulé. Baies oblongues, terminées par une pointe courte et pubescente, glabres à la maturité.

Petit arbre haut de 8 à 10 mètres. Tronc très peu élevé. Rameaux longs, écartés et penchés. Pétiole long de 5 à 10 millim., creusé en dessus. Feuilles longues de 9 centim. ½ à 18 centim. ½, larges de 35 millim. à 52 millim., très brillantes en dessus. Pédoncule long de 18 à 25 millim. Sépales réfléchis, souvent caducs, longs de 2 millim. Loges des anthères très inégales. Carpelles sessiles terminés par un style court, épais et arrondi. Ovule situé près de la base de l'ovaire, ascendant avec le micropyle tourné en bas et en dehors. Baies très nombreuses, noirâtres à l'état de dessiccation, pourpres à la maturité, longues de 10 millim. sur 5 millim. et portées par un pédicelle très grêle, long de 15 à 18 millim. Graines exactement conformées comme celles des *Unona*.

Obs. — L'*Unona Hancei* a sa place dans le sous-genre *Polyalthia*, près des *Unona cerasoides*, *U. Jenkinsii* et *U. nitida*. C'est un petit arbre très élégant et qui mérite l'attention des horticulteurs. Son bois est blanc, jaunâtre, flexible et assez dur. L'exiguïté de son tronc le rend d'un usage restreint. Il n'y a pas, je crois, à en tenir compte au point de vue forestier.

EXPLICATION DE LA FIGURE DE *L'UNONA HANCEI* PIERRE.

PLANCHE 32.

A, B, C. Rameaux fructifères.

D. Face inférieure d'une feuille grosse $\frac{3}{1}$.

1. Coupe longitudinale d'une fleur privée de ses pétales.
2. Étamines *a*, *b*, *c* présentées dans différentes positions.
3. Ovaire ouvert.
4. Coupe longitudinale d'un jeune fruit.

PL.

L. Delpy del.

E. Hugon et J. Storck lith.

UNONA HANCEI Pierre.

ANONACÉES

XYLOPIA PIERREI

(Hance, *in Journ. of Botany* [1877], 328.)

Aun ; giền trắng. Kmer : dóm chhœu crai sâr.

Hab. — Espèce fréquente dans les montagnes de Dinh, près de Baria ; dans celles de Chùa-Chang de la prov. de Bien-Hoa ; dans celles de Cam et de Dai de la province de Chaudoc ; dans l'île de Phu Quốc et dans les provinces de Kamput, de Tpong et de Samrongtông du royaume Kmer. *(Herb. Pierre, numéros* 37 ; 75 ; 1760 ; 1779.*)*

Rameaux grêles, légèrement pubescents et pourpres dans le jeune âge ; puis glabres, recouverts de ponctuations rugueuses et grisâtres. Feuilles oblongues, lancéolées, très obtuses au sommet, aiguës à la base, coriaces ou submembraneuses, brillantes et glabres en dessus, pubescentes principalement sur la côte, pâles et glauques en dessous. Petites côtes au nombre de 20 à 30, légèrement élevées sur les deux faces, unies loin du bord et reliées par une nervation secondaire, réticulée, visible sur les deux faces. Pédoncules axillaires, solitaires, ou au nombre de 1 à 3, superposés et quelquefois soudés, deux à trois fois plus longs que le pétiole, pubescents. Bractées, au nombre de deux, situées vers le milieu du pédoncule, distantes, sessiles ou engainantes, ovales, obtuses, caduques et pubescentes. Sépales soudés à la base, ovales, légèrement aigus, pubescents en dehors, glabres en dedans. Pétales d'inégal développement dans les deux séries, linéaires oblongs, deux à trois fois plus longs que les sépales, concaves, membraneux et glabres à leur base, en dedans, pubescents sur les deux faces. Les extérieurs sont plus longs, ont une lame plus large et sont obovés. Les intérieurs sont lancéolés, ont une lame plus épaisse, plus étroite et sont carénés sur leur face interne. Les étamines forment cinq à six séries. Celles des rangées intérieures sont infertiles. Les carpelles sont au nombre de 2 à 5. L'ovaire est soyeux, deux fois et demie plus court que le style et contient 4, 6 et 8 ovules bisériés. Le fruit, courtement pédiculé, est une baie ligneuse déhiscente, ovale ou oblongue, glabre et contenant de 1 à 5 graines.

Arbre de 20-30 mètres, perdant ses feuilles pendant la saison sèche. Diamètre du tronc mesurant de 40-60 centimètres. Pétiole canaliculé long de 2-4 millim., pubescent. Feuilles longues de 6-10 centim., larges de 2-3 centim. Pédoncules longs de 8-16 millim. Pétales longs de 6-8 millim. Réceptacle formant une expansion pyramidale et mince, creusé au centre, ouvert au sommet et cachant complètement la partie inférieure des carpelles. Étamines linéaires oblongues, soudées à l'expansion du réceptacle par leurs filets aplatis et articulés. Anthères à 2 loges extrorses, contenant chacune, quatre rangées de grains de pollen. Elles sont terminées par un connectif pyramidal épais, obtus, taillé en biseau de dedans en dehors. Les étamines infertiles sont lamelleuses et plissées vers leur sommet recourbé. Les carpelles occupent le pourtour du sommet de l'axe floral et sont insérés au niveau du périanthe. Complètement cachés, dans leur partie inférieure, par l'expansion du réceptacle, ils le dépassent de toute la longueur de leurs styles. Ceux-ci sont étranglés à la base, obliques, charnus, recouverts d'aspérités glanduleuses et purpurines. Les ovules sont, le plus souvent, au nombre de six. Ils sont ascendants, anatropes.

Obs. — Cette espèce appartient à la section Euxylopia. Elle est voisine du *Xylopia parviflora, A. R.*, mais en diffère surtout par ses carpelles et le nombre de ses ovules.

Le *Xylopia Pierrei* est un très bel arbre d'ornement. C'est une de nos plus grandes Anonacées connues. Son écorce grisâtre au dehors, rouge en dedans, est très astringente. Elle sert à remplacer l'arek dans la mastication du bétel. Son bois est jaunâtre, dur, léger et composé de fibres longues et flexibles. Les Cambodgiens disent qu'il ne dure pas plus de deux ans quand il est exposé aux intempéries. Aussi n'est-il employé ordinairement que dans les œuvres intérieures des constructions et pour des utilités spéciales comme balanciers, brancards de voitures, arcs, manches d'outils.

EXPLICATION DE LA FIGURE DU *XYLOPIA PIERREI*

PLANCHE 33

A. Rameau fructifère.

B. — florifère.

C. Portions de feuilles agrandies $\frac{3}{1}$.

1. Fleur privée de ses pétales $\frac{5}{1}$.
2. Coupe d'une fleur privée de ses pétales $\frac{12}{1}$.
3. Pétale extérieur vu du côté interne $\frac{3}{1}$.
4. Pétale intérieur — $\frac{3}{1}$.
5. Étamines présentées dans différentes positions ; *a*, face externe ; *b*, face dorsale ou interne : *c*, étamine infertile $\frac{20}{1}$.
6. Diagramme.
7. Carpelle vu du côté latéral, *a* ; du côté ventral, *b*. Coupe d'un ovaire, *c*.
8. Coupe d'un fruit $\frac{1}{1}$.
9. Graine $\frac{3}{1}$.
10. Coupe longitudinale d'une graine : *a*, arille ; *c*, tégument ; *d*, albumen divisé, à la circonférence, par les perforations lamelleuses *d* du tégument ; *e*, embryon basilaire $\frac{2}{1}$.

E. Delpy del.

L. Hugon et J. Storck lith.

XYLOPIA PIERREI Hance.

Paris

ANONACÉES

XYLOPIA VIELANA Pierre

Annamite : Gi n do. — Kmer : Dôm chhœu crai crohom.

Hab. — Espèce très répandue dans toute la Basse Cochinchine, particulièrement dans les provinces de Baria, Bienhoa, Tayninh, Chaudoc, dans les îles de Condor et de Phu Quốc et dans les provinces cambodgiennes de Tran, Kamput, Samrongtong, Tpong et Pusath. (*Herb. Pierre, n° 2021.*)

Dist. : Siam !

Jeunes rameaux, tomenteux, roussâtres, puis ponctués. Feuilles ovales oblongues, acuminées, le plus souvent obtuses au sommet, arrondies ou subcordées à la base et légèrement obliques, submembraneuses, pubescentes sur les deux faces, velues sur la côte, brunes ou brillantes en dessus et glauques. Petites côtes au nombre de 24 environ, peu accentuées sur les deux faces. Veines finement aréolées. Pédoncules axillaires, au nombre de 1 à 3, plus petits que le pétiole ou l'égalant en longueur, superposés, libres ou soudés, terminés par une fleur de forme pyramidale, tomenteuse et roussâtre. Bractées, au nombre de 2, obtuses et caduques. Sépales unis à une très grande hauteur, ovales, obtus ou obovés, glabres en dedans, velus au dehors. Pétales linéaires oblongs, larges à la base, étroits dans leur partie supérieure, concaves à leur base, membraneux, tronqués sur leurs bords, pourpres et tomenteux. Ceux de la première série, plus longs et plus larges, sont carénés extérieurement, légèrement concaves en dedans, obtus ou arrondis au sommet. Ceux de la seconde, sont carénés à la face intérieure, plus épais et lancéolés. Les étamines sont insérées sur une expansion du réceptacle en forme de vase pyramidal englobant les carpelles, moins leurs styles. Elles forment 6 à 7 séries : celles de la première rangée, en bas, et de la dernière, en haut, sont réduites à des staminodes lamelleux. Les filets sont larges, caduques. Les anthères sont obliques, extrorses et contiennent 24 masses polliniques environ par loge. Elles sont terminées par un connectif oval, oblong, sublancéolé, obtus et pubescent. Les carpelles sont au nombre de 8 à 10, et contiennent dans leurs ovaires, soyeux en dehors, 6 ovules bisériés. Le style est oblong, charnu et pubescent. Les baies sont oblongues, étranglées entre les graines, terminées par une pointe obtuse, pubescentes et de couleur purpurine. Les graines sont ovales et coiffées à la base d'un arille pourpre.

Arbre de 20 à 25 mètres. Écorce rougeâtre. Pétiole long de 5 à 8 millim. très grêle, pubescent. Feuilles le plus souvent ovales et obtuses, quelquefois légèrement accuminées, souvent rougeâtres à l'état de dessication, longues de 48 millim., à 90 millim., sur 25 millim., à 40 millim. de large ; le plus souvent de 75 millim. de longueur sur 35 millim. de largeur. Pédoncule long de 4 à 5 millim., articulé sous la fleur et muni de 2 bractéoles obtuses vers son sommet. Sépales hauts de 4 millim., très épais. Pétales extérieurs longs de 10 à 12 millim ; pétales intérieurs de 6 à 8 millim. Podocarpes longs de 10 à 14 millim. Baies longues de 25 à 30 millim.

Obs. — On trouve souvent cette espèce, dans les clairières, réduite à l'état de buisson. C'est un très bel arbre d'ornement qui conserve ses feuilles pendant toute l'année. Elle appartient à la section Euxylopia. Elle est très voisine du *Xylopia Maingayi H. f. et T.*, non représentée dans l'herbier de Kew, et, dont elle se rapproche par le nombre des carpelles et des ovules. D'après la description (*Fl. of British India,* 1 p. 85) le *X. Vielana* diffère de l'espèce mentionnée, par la forme arrondie et subcordée des feuilles, par la glabrescence et par des fleurs non solitaires.

Le bois du *Xylopia Vielana* est jaunâtre, assez dur et très flexible. Il est employé dans les œuvres intérieures des constructions et paraît avoir les mêmes propriétés que celui du *Xylopia Pierrei*.

EXPLICATION DE LA FIGURE DU *XYLOPIA VIELANA* PIERRE

PLANCHE 34

A. Rameau florifère et fructifère.

B. et C. Portions de feuilles agrandies et présentées sur les 2 faces.

1. Fleur ouverte.
2. Fleur réduite à ses pétales intérieurs.
3. 4. Fleurs privées de leurs pétales.
5. Coupe longitudinale d'une jeune Fleur.
6. Face extérieure d'une étamine fertile.
7. 8. Autres formes d'étamine fertile.
9. 10, 11, 12. Étamines plus ou moins modifiées et infertiles.
13. Carpelle entouré par le réceptacle, qu'on représente ici privé de ses étamines.
14. Carpelles, après l'anthèse, où l'on voit les styles tout à fait libres.
15. Carpelles vus dans leur partie inférieure, après écartement du réceptacle.
16. 17. Formes de carpelles à différents âges.
18. Ovaire, ouvert du côté ventral, pour montrer la position des ovules sur le placenta.
19. Ovules vus de côté.
20. Graine.
21. Graine coupée longitudinalement.

XYLOPIA VIELANA Pierre.

Paris _ O. DOIN Edit.

Imp. Becquet, Paris

ANONACÉES

MITREPHORA EDWARDSII Pierre

Kmer : Dom chbœn con heu titey

Hab. — Espèce croissant dans les montagnes de Cholai, situées dans la province de Petchapury du royaume de Siam et dans celles de Knang-Repœu, de la province de Tpong au Cambodge. (*Herb. Pierre,* n. 1686.)

Rameaux roux tomenteux dans le jeune âge, puis ponctués. Feuilles presque sessiles, ovales oblongues, lancéolées, acuminées, arrondies ou cordées à la base, légèrement coriaces, ciliées sur les bords, pubescentes sur la côte en dessus et tomenteuses en dessous sur la côte et les petites côtes. Cymes de 1 à 3 fleurs portées par un bourgeon très court, chargé d'écailles caduques. Fleurs sessiles, enveloppées par deux bractées, ovales, concaves, tomenteuses au dehors, pubescentes en dedans. Sépales ovales oblongs, obtus, presque libres jusqu'à la base, tomenteux en dehors, ponctués en dedans. Pétales de la série extérieure, oblongs ou ovales oblongs, concaves, laineux à la face extérieure. Pétales de la série intérieure portés par un pied assez long, deltoïdes, obtus au sommet, velus sur l'arête dorsale, glabres en dedans. Réceptacle peu élevé, concave au sommet. Étamines très nombreuses, formant 6 à 7 séries. Carpelles au nombre de 16 à 18, oblongs, surmontés d'un style long, recourbé et glabre. Ovaire velu contenant 16 ovules bisériés. Baies sessiles; ovales, oblongues, obpyramidales, obtuses ou déprimées au sommet, très velues dans le jeune âge.

Arbre de 8-10 mètres. Rameaux pressés, retombants. Écorce épaisse, noirâtre. Pétiole très court, très épais, velu, long de 2-3 millim. Feuilles longues de 10-17 centim., larges de 3 centim. 1/2 à 7 centim. Petites côtes purpurines sur le bord, au nombre de 24 à 36, le plus souvent de 26, espacées, élevées endessous, reliées par une nervation transversale irrégulière, et par des veines finement aréolées visibles sur les deux faces du limbe. Pédoncule long de 10-20 millim., cylindrique, épais de 3 millim. Baie longue (avant maturité), de 15-20 millim. sur 10 millim.

Obs. — Nous n'avons eu pour décrire cette espèce que des fleurs en bouton et des jeunes fruits. Elle se rapproche par ses fruits sessiles du *M. Obtusa Bl.*, mais s'en distingue par les feuilles, les fleurs, le nombre des carpelles et des ovules. Ses pétales extérieurs sont ceux du *M. Macrantha,* mais elle en diffère par les feuilles, le nombre des carpelles et des ovules. C'est un arbre très ornemental. Il aime les terrains rocailleux et conserve ses feuilles pendant la saison sèche. Son bois est estimé. Il est jaunâtre, assez dur, très flexible et s'emploie pour balanciers, manches d'outils, etc.

EXPLICATION DE LA FIGURE DU *MITREPHORA EDWARDSII* Pierre

PLANCHE 35

A. Rameau florifère et fructifère.

B. Portions de feuilles présentées sur les 2 faces [illegible].

1. 1re. Jeune Fleur. Sa bractée inférieure *a*, vue du côté intérieur [illegible].
2. 2e. Jeune Fleur privée de sa bractée intérieure. La bractée supérieure *a* vue du côté intérieur [illegible].
3. 3e. Jeune Fleur privée de ses bractées. Un de ses 3 sépales, vu du côté intérieur [illegible].
4. Fleur privée de ses bractées et de ses sépales. Les pétales de la série extérieure sont représentées dans leur position avant l'anthèse [illegible].
5. Fleur réduite à ses pétales de la seconde série. Un de ces pétales vu du côté intérieur [illegible].
6. Coupe longitudinale d'une jeune fleur [illegible].
7. Étamines présentées du côté intérieur (*a*), et du côté extérieur (*b*), [illegible].
8. Jeune carpelle ouvert [illegible].
9. Coupe d'un jeune fruit [illegible].
10. Diagramme.

E. Delpy del. · A. Hugon et J. Storck lith.

MITREPHORA EDWARDSII Pierre.

Paris. O. Doin

ANONACÉES

MITREPHORA BOUSIGONIANA Pierre

Moï : boüng to. — Annamite : Cò gié

Hab. — Espèce fréquente dans les provinces de Bien-Hoa et de Baria, particulièrement dans la région supérieure des fleuves Bé et Dongnai. *Herb. Pierre*, n. 1307.

Rameaux velus, roux dans le premier âge, puis ponctués et rugueux. Feuilles oblongues, lancéolées, terminées par une pointe assez longue et aiguë, cordées ou arrondies à la base, coriaces, pubescentes au-dessus, sur la côte seulement, et, sur toute la face inférieure. Petites côtes au nombre de 36-40 très élevées en dessous, reliées par une nervation transversale irrégulière et des veines aréolées, visibles sur les deux faces. Cymes composées de cinq fleurs, naissant à l'extrémité d'un bourgeon oppositifolié ou extra-axillaire, chargé, à la base, de bractées caduques. Pédoncule épais, tomenteux, naissant à l'aisselle d'une bractée ovale, obtuse, concave, glabre en dedans et portant, vers sa partie médiane, une autre bractée plus grande, engainante, concave, glabre en dedans et persistante. Sépales libres et imbriqués à la base, ovales, obtus, concaves, presque glabres en dedans, velus en dehors. Pétales extérieurs linéaires oblongs, larges à la base, légèrement lancéolés, acuminés et obtus au sommet, veinés et pubescents en dedans, tomenteux en dehors. Pétales intérieurs plus courts, supportés par un pied étroit, allongé; ils sont deltoïdes, soudés par leurs bords, en forme de voûte, dans la partie supérieure. Réceptacle hémisphérique, concave au sommet. Étamines formant 6 à 8 séries. Anthères oblongues, extrorses, à loges inégales, munies d'un connectif tronqué ou aplati au sommet. Carpelles au nombre de 35 et plus, pubescents, terminés par un style très court et surmonté d'un stigmate épais, soudé avec celui des carpelles voisins en une masse cireuse et caduque. Ovaires contenant 8-10 ovules bisériés. Fruit inconnu.

Arbre de 10 à 15 mètres, terminé par une tête pyramidale. Rameaux étalés, très-pressés, très-feuillus. Pétiole très-court, épais, pubescent, long de 3-6 millim. Feuilles persistantes, longues de 8 centim. à 25 centim., larges, vers la partie inférieure, de 4 à 8 centim., presque glabres avec l'âge, brillantes en dessus, pâles en dessous. Bourgeon floral long de 10 à 15 millim. Pédoncule long de 20 à 22 millim., larges de 7 à 8 millim. Pétales intérieurs longs de 15 millim., larges, au milieu, de 10 millim. et, à la base, de 3 millim. Le support est long de 6 à 7 millim. Les étamines sont très-bien conformées dans toutes les séries. Le filet est court, et le connectif est tout à fait celui d'un Unona. Les carpelles sont insérés sur le bord de la concavité formant le sommet du réceptacle. On n'en compte jamais moins de trente et leur nombre dépasse souvent 35.

Obs. — Le fruit dessiné sur la planche 36 n'est pas de cette espèce, ni celui d'un *Mitrephora*. C'est celui d'un *Uvaria*, probablement, celui de l'*U. concava*, qui, de même que l'*U. macropoda* et l'*U. lurida*, paraissent de simples formes de l'*Uvaria Narum*. Wall.

Le *Mitrephora Bousigoniana* ne se distingue franchement du *M. Thorelii* que par ses cymes contenant 5 fleurs au lieu de deux à trois. Cependant, ses pédoncules et ses pétales extérieurs sont plus courts, le nombre de ses carpelles est plus considérable et ses feuilles sont moins tomenteuses que celles de l'espèce précitée. Je conviens néanmoins que le *M. Bousigoniana* doit être accepté, avec réserve, tant que son fruit ne sera pas connu.

Les *M. Bousigoniana* et *M. Thorelii* ont de grandes affinités avec les *M. macrantha, M. Korthalsiana, M. Maingayi, M. Vandeaeflora* et *M. obtusa*. Son port est très élégant. Son bois, blanc-jaunâtre, est léger et très flexible. Il dure peu. On l'emploie pour arcs, manches d'outils, brancards et balanciers.

EXPLICATION DE LA FIGURE DU *MITREPHORA BOUSIGONIANA* PIERRE

PLANCHE 36

A. Rameau florifère.

B. Face inférieure d'une section de feuille.

1. Fleur.
2. Coupe longitudinale d'une fleur $\frac{3}{1}$.
3. Étamines présentées du côté intérieur *a* et du côté latéral *b*.
4. Ovaire ouvert.
5. Fruit de l'*Uvaria concava*?

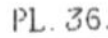
PL. 36.

E. Delpy del.

L. Hugon et J. Sterck lith.

MITREPHORA BOUSIGONIANA Pierre.

Imp. Becquet, Par.

ANONACÉES

MITREPHORA THORELII Pierre

Kmer : K'da cong bèn. — Ann : cò gié nui

Hab. — Espèce fréquente dans les montagnes de Baria, de Bao-Chiang, de Lù, de Déonba, et dans les provinces de Samrongtong et Baŝteas-Meas. (*Herb. Pierre*, n°s 185, 735 et 1745).

Rameaux d'abord ferrugineux et velus, puis ponctués et rugueux à l'âge adulte. Feuilles ovales oblongues, arrondies, plus ou moins longuement acuminées et aiguës, subcordées ou obtuses à la base, légèrement coriaces, ciliées sur les bords, velues sur la côte et sur la face inférieure. Petites côtes au nombre de 28 à 35, très élevées en dessous, reliées par un système nerveux et veineux peu apparent sur les deux faces. Cymes composées de 2 à 3 fleurs portées au sommet d'un bourgeon oppositifolié et chargé de bractées imbriquées et caduques. Pédoncules plus longs ou plus courts que le bourgeon floral, naissant à l'aisselle d'une bractée et munis, vers le milieu, d'une autre bractée engainante, obtuse et persistante. Sépales libres et imbriqués, ovales, acuminés ou subobtus, concaves et presque glabres en dedans, à peine plus grands que la bractée médiane. Pétales extérieurs linéaires oblongs, très étalés, plus larges au milieu et à bords souvent repliés; courtement acuminés et subaïgus; ferrugineux et velus en dehors; veinés longitudinalement; pubescents et jaunâtres en dedans. Pétales intérieurs portés sur un pied long et étroit et terminés par une lame deltoïde acuminée et soudée par les bords, velus sur les deux faces. Réceptacle élevé, hémisphérique, concave au sommet et portant de 6 à 7 séries d'étamines d'Uvaria. Carpelles au nombre de 18 à 28, terminés par un style court et épais. Ovaires velus, contenant 10 ovules bisériés. Baies, portées par un long support, globuleuses, déprimées entre les graines, velues, roussâtres ou grisâtres. Graines au nombre de 6 à 8 par baie, oblongues, légèrement aplaties.

Arbre de 15-20 mètres. Tronc noirâtre. Branches étalées, légèrement réfléchies, très feuillues. Feuilles longues de 10-23 centim., larges de 5-8 centim., très variables aux deux extrémités, souvent cordées ou tout à fait aiguës à la base, obtuses ou pointues au sommet. Pétiole long de 4-8 millim., arrondi, chagriné, épais et tomenteux. Bourgeon floral long de 5-15 millim. Pédoncule long de 15-30 millim., très velu. Pétales extérieurs longs de 33 millim., plus larges au milieu, parcourus de haut en bas par 10 nervures longitudinales. Pétales intérieurs longs de 15 millim., jaunes et tachetés de rouge. Les carpelles sont le plus souvent au nombre de 20-25. Tous les stigmates sont reliés en une masse cireuse et tombent en même temps. Les baies sont supportées par un pied long de 30-35 millim., très grêle. Elles sont ovales dans le jeune âge, velues et ferrugineuses. Elles deviennent, à la maturité, tout à fait arrondies, grisâtres et mesurent 2 centim. en hauteur et en diamètre. Les graines sont recouvertes par un péricarpe charnu. Elles n'ont pas de trace d'arille. Le testa, l'albumen et l'embryon sont exactement conformés comme ceux des graines d'Uvaria.

Obs. — J'ai déjà indiqué la grande affinité du *M. Thorelii* avec le *M. Bousigoniana*. A première vue, on les distingue par les dimensions de la fleur et surtout, par celles des pétales extérieurs. Ces deux espèces ont des rapports non moins étroits avec les suivantes, habitant Java, Bornéo et l'Indo-Chine.

On distingue le *Mitrephora Thorelii* du *M. Mingayi*, par des caractères assez peu tranchés. Les feuilles du *M. Maingayi*, sont plus petites et n'ont que 20 à 22 petites côtes. Ses fleurs sont portées par un pédoncule très grêle et ont la bractée médiane 2 fois plus petite. Ses pétales extérieurs sont ovales, longs et larges de 16 millim. Le nombre de ses carpelles est de 6 à 8. Celui de ses ovules de 6 à 8 par ovaire. Ils se ressemblent beaucoup par le fruit, quand il est jeune.

Le *Mitrephora vandeæ flora*, espèce très peu distincte du *M. Maingayi*, a des pédoncules longs de 12-14 millim. Ses pétales extérieurs sont ovales oblongs, obtus et mesurent 7 millim. en largeur et 12 millim. en longueur. Ses pétales intérieurs sont larges de 7 millim. sur 3 millim. dans la partie inférieure; ils sont tomenteux à la face extérieure, vers le sommet seulement. Ses étamines forment 5 rangées autour d'un réceptacle concave au sommet. Les carpelles sont au nombre de 8 et contiennent 8 ovules.

Je ne connais le *M. Tomentosa* que par ses feuilles. D'après la description *(Hook. f. et Th. Fl. B. I.* 1. 76*)*, ses fleurs seraient courtement pédicellées et son fruit serait beaucoup plus gros que celui du *M. Thorelii*. Les feuilles, dans ces deux espèces, sont sensiblement les mêmes. Cette espèce n'est pas représentée dans le Musée de Kew.

Le même fait a lieu pour le *M. Kortalsiana*, dont les feuilles ne paraissent pas différer du *M. Thorelii*. Je constate pourtant qu'elles ne sont jamais cordées et que le pétiole est plus long et plus grêle dans le *M. Kortalsiana*. Elles n'ont dans l'échantillon, privé de fleurs, que j'ai vu à Kew, que 24 à 28 petites côtes. Ses pétales extérieurs sont ovales, acuminés et velus sur les 2 faces. D'après Miquel (*Mus. Lugd. Bat.* 2. *anon. p.* 28), le nombre des jeunes carpelles ne serait que de 8 à 9.

Il y a à Kew, un échantillon de Horsfield, n° 3, qui se rapproche, par les feuilles, beaucoup du *M. Thorelii*. Cependant les pétales extérieurs sont ovales acuminés et beaucoup plus longs que ceux du *M. Thorelii*.

On retrouve la même forme de pétales extérieurs dans le *M. macrantha Hasskl.* Ils mesurent 11 millim. en longueur et en largeur. Le nombre des carpelles est de 22, et celui des ovules est de 6. Le fruit est oblong, presque glabre et porté par un court support.

Dans le *M. Obtusa*, on trouve aussi 22 carpelles. Mais le nombre des ovules est de 9 à 10, les étamines forment 5 séries et les pétales sont ovales et obtus. Ses feuilles sont très petites et ne portent que 10 petites côtes.

Il me paraît donc que le *Mitrephora Thorelii* se distingue suffisamment bien des espèces dont nous venons de parler.

C'est un arbre éminemment social. Il est très commun dans toutes nos montagnes. Par la beauté de son feuillage et de ses fleurs, c'est une espèce tout à fait digne de culture. Son bois est exactement celui du *M. Bousigoniana*.

EXPLICATION DE LA FIGURE DU *MITREPHORA THORELII* Pierre

PLANCHE 37

A. Rameau florifère et fructifère.

B. Rameau fructifère.

C. Face inférieure d'une partie de feuille $\frac{2}{1}$

1. Fleur $\frac{2}{1}$ $^1/_2$
2. Pétale extérieur vu du côté intérieur $\frac{2}{1}$
3. Pétale extérieur $\frac{2}{1}$
4. Coupe longitudinale d'une fleur privée de ses pétales $\frac{10}{1}$
5. Étamines présentées du côté extérieur (*a*), et du côté latéral (*b*).

6-7. Carpelles ouverts vus de face et latéralement.

8-9. Coupes de jeunes fruits $\frac{2}{1}$

10. Coupe longitudinale d'une baie $\frac{2}{1}$
11. Graine coupée longitudinalement $\frac{2}{1}$

MITREPHORA THORELII Pierre.

Imp. Becquet Paris

ANONACÉES

MILIUSIA BAILLONI Pierre

Annamite : xáng mói. — Moï du Dongnai : só khpai. — Kmer : dom chhœu kœupai

Hab. — Espèce très fréquente dans les forêts de Bienhoa, de Baria et dans les montagnes de Càm et de Day de la province de Chaudoc. *(Herb. Pierre*, n° 1129 et 1769 ; *Coll. Bois*, n° 60.*)*

Dist : Manille ? Cuming, n° 1198 ?

Jeunes rameaux pubescents et grisâtres; ponctués et presque glabres à l'âge adulte. Feuilles portées par un pétiole très court, oblongues, lancéolées, à pointe plus ou moins obtuse et courte, étroites à la base ou arrondies, légèrement obliques, pubescentes sur les deux faces, puis ponctuées et glabres, à l'exception de la côte, en vieillissant; membraneuses. Bourgeon oppositifolié, portant au sommet une cyme de 1 à 3 fleurs, dont une seule, le plus souvent, n'avorte pas. Pédoncule huit à dix fois plus long que le bourgeon floral, penché, pubescent, souvent plus long que la feuille; filiforme et muni à la base d'une bractée elliptique. Sépales ovales lancéolés, réfléchis, aussi grands que les pétales de la série extérieure, velus sur la face dorsale, glabres en dedans. Pétales extérieurs oblongs, concaves, naviculaires, velus ou ciliés sur les bords, pubescents en dehors, glabres en dedans. Pétales de la série intérieure, 5 fois plus longs et plus larges que ceux de la première série, très concaves ou sacciformes à la base, ovales oblongs, acuminés et presque obtus, munis de cinq nervures longitudinales, velus sur les bords, presque glabres et pourpres sur la ligne médiane, en dedans. Réceptacle élevé, cylindrique, pyramidal, plane au sommet, très velu. Étamines au nombre de 45 environ, formant 4 à 5 séries. Anthères ovales, extrorses, terminées par un connectif obové, ponctué ou glanduleux. Carpelles au nombre de 16, velus, surmontés par un style court, arrondi et glutineux. Ovaire contenant 4 à 6 ovules bisériés. Baies stipitées, globuleuses, glabres, à péricarpe peu épais et charnu. Graines oblongues et triangulaires.

Arbre de 25-30 mètres. Tronc haut de 15-20 mètres ; son diamètre est de 40-50 centim. Écorce brune, épaisse de 10-12 millim. Pétiole long de 3-5 millim. Feuilles longues de 6-25 centim., larges de 4 centim., à 10 centim. Petites côtes au nombre de 20-30 élevées en dessous, reliées par une nervation et des veines très accentuées. Bourgeon floral long de 4-5 millim. Pédoncule long de 6-14 centim., penché et frêle d'abord, puis épaissi et redressé. Bractée longue de 5 millim. Sépales et pétales extérieurs longs de 8 millim. sur 5 millim. Pétales intérieurs longs de 14-20 millim. sur 12-15 millim. Fruit long et large de 30 millim., arrondi, sillonné entre les graines, porté par un pied long de 25 millim. et ponctué. Graines longues de 22 millim., larges de 12 millim., comprimées sur les côtés.

Obs. — Le Miliusia Bailloni appartient à la section *Saccopetalum* et est très voisin du ***Miliusia Horsfieldii.*** H. B. N. On l'en distingue par des feuilles plus grandes, moins velues; par des pédoncules floraux plus longs, par les pétales de la série intérieure plus petits; par un nombre moindre de carpelles et d'ovules. Dans le ***Miliusia Horsfieldii,*** le nombre des carpelles s'élève jusqu'à trente, et celui des ovules est de 9.

L'échantillon de *Cuming*, provenant de Manille, portant le n° 1198, et conservé au Muséum de Paris, offre aussi beaucoup de rapports avec le ***M. Bailloni.*** Ses jeunes rameaux et ses feuilles sont très velus. Les ovaires, d'après une note de M. H. Baillon, contiendraient 10 ovules. J'ai suivi M. Baillon en n'acceptant le genre *Saccopetalum* que comme une section du genre ***Miliusia.*** On trouve en effet plusieurs espèces de ***Miliusia,*** dont les pétales intérieurs, offrent un développement sacciforme à la base. Dans la plupart des ***Miliusia,*** l'ovaire est uniovulé, mais on trouve 2 ovules dans le ***Miliusia velutina,*** et 4 dans le ***Miliusia Bailloni.*** Toutes les fois que l'ovule n'est pas solitaire, c'est la placentation bisériée qui a lieu, comme dans les Bocagea, genre d'ailleurs, auquel les ***Miliusia*** sont liés étroitement.

Le ***Miliusia Bailloni*** est l'Anonacée la plus gigantesque de toutes celles qui habitent l'Indo-Chine. Il perd ses feuilles du mois de Janvier au mois d'Avril. Sa croissance est très rapide. Il fleurit après trois ans de plantation. Son bois est jaunâtre et d'une teinte uniforme depuis le cœur jusqu'aux couches les plus externes de l'aubier. Qnand il est sec, ses fibres très longues deviennent, çà et là, d'une teinte brune. Sa densité est moyenne. Il est d'une longue durée, quand on l'emploie dans les œuvres intérieures d'une construction. Exposé aux intempéries, il est attaqué par les xylophages. Les indigènes l'utilisent pour poteaux, madriers, planches, meubles, avirons, etc. C'est le bois que les Mois et les Kmers recherchent le plus pour la fabrication de leurs arcs.

EXPLICATION DE LA FIGURE DU *MILIUSIA BAILLONI* PIERRE

PLANCHE 38

A. Jeune Rameau florifère.

B. Rameau fructifère. Le fruit, ici représenté, est jeune. Il est deux fois plus gros, au moment de la maturité.

1. Bractée $\frac{2}{1}$.
2. Pétale extérieur $\frac{3}{1}$.
3. Pétale intérieur $\frac{1}{1}$.
4. Étamines présentées du côté extérieur *a* et *b*, et du côté dorsal, *c*.
5. Fleur agrandie $\frac{3}{1}$ où un pétale intérieur a été enlevé pour faire voir le gynécée.

6-7. Carpelles dont un ouvert, et contenant 4 ovules bisériés.

8. Diagramme.

MILIUSIA BAILLONI Pierre.

ANONACÉES

MILIUSIA VELUTINA H. F. ET T.

Fl. Brit. India, 1. 87 ; — Kurz. *Forest Fl. Brit. Burmahi*, 1. 47 ; — Brandis, *For. Flor.*, 1. B. t. II ; — *Uvaria velutina*, Dun, Anon., 91 ; *Uvaria villosa*, Roxb., *Fl. Ind.*, II, 664 ; — *Guatteria velutina*,, A. D. C., *Mém. Soc. Genèv.* v. 42.

Moi : tom xôi. — Tôi

HAB. — Espèce fréquente dans toutes les provinces de la Cochinchine française et dans celles du Cambodge (*Herb. Pierre*, n°s 118 ; 741 ; 1766 ; 1770).

Dist.: Inde ; Indo-Chine.

Jeunes rameaux très velus, roussâtres et ponctués. Feuilles courtement pétiolées, ovales, ovales oblongues ou elliptiques oblongues, acuminées, terminées par une pointe courte, subaiguë et le plus souvent obtuse; arrondies ou subcordées à la base ; membraneuses; très velues sur les deux faces, surtout en dessous et ponctuées. Bourgeon floral oppositifolié ou extra-axillaire, assez court et portant une cyme de 1 à 3 fleurs globuleuses et longuement pédicellées. Sépales très petits, ovales, acuminés, velus en dehors, pubescents en dedans. Pétales de la série extérieure à peu près conformes aux sépales, glabres en dedans. Pétales de la série intérieure plusieurs fois plus grands que ceux de la précédente, ovales, acuminés, concaves, velus en dehors, glabres en dedans. Réceptacle sphérique, plane au sommet. Étamines formant 5 à 6 séries. Carpelles velus, au nombre de 30 environ ; ovaire biovulé. Baies stipitées, globuleuses, pubescentes, contenant 1 à 2 graines.

Arbre de 20 à 25 mètres. Écorce rugueuse. Pétiole long de 3 à 5 millim. Feuilles très variables de forme et de dimension, longues de 6 à 25 centim., larges de 4 à 14 centim. Pédoncule long de 3 à 8 centim. Sépales et pétales extérieurs longs de 3 à 4 millim. Pétales intérieurs jaunes presque sacciformes à la base, longs et larges de 10 millim. Étamines ovales, oblongues, supportées par un filet large, aplati et recourbé. Anthères formées de deux loges extrorses inégales et surmontées d'un connectif oval, obtus, lamelleux. Style des carpelles en forme de crosse, glabre ; ovaire contenant sur chacun des deux bords de la feuille carpellaire, un ovule ascendant, anatrope, à micropyle tourné en dehors. Les deux ovules, insérés l'un au-dessus de l'autre, forment deux séries. Ils sont opposés par leur raphé. Les pédoncules du fruit sont aussi larges que celui des fleurs. Les supports des baies sont longs de 4 à 8 millim. Les baies mesurent 2 cent. en hauteur et 1 cent. 1/2 en diamètre. Les graines sont elliptiques oblongues, légèrement aplaties et sont parcourues dans presque toute l'étendue de leur circonférence par le canal raphéen. Le testa est dur, ligneux et brillant. Il pénètre plus ou moins profondément l'albumen et le partage en un nombre indéterminé de lamelles. L'embryon basilaire est très petit.

OBS. — Le *Miliusia velutina* perd ses feuilles en saison sèche. Il a une croissance très rapide. Son bois, blanc-grisâtre, est parcouru, à l'état de siccité, par des veines brunes. Il est mou et assez léger. Ses fibres sont longues et son grain assez fin. Il sert pour lambris, manches d'outils, flèches, jougs. On en fait même des avirons. Ce bois est très vite attaqué par les xylophages.

EXPLICATION DE LA FIGURE DU *MILIUSIA VELUTINA* H. F. ET T.

PLANCHE 39

A. — Rameau florifère.
B. — — fructifère.
C. — Face inférieure d'une partie de feuille agrandie $\frac{2}{1}$.
1. Coupe d'une jeune fleur [illegible].
2. Pétale de la série intérieure vu du côté intérieur $\frac{4}{1}$.
3. Étamines vues sur le côté extérieur a, b, dorsal ou sublatéral c, d, e.
4. Jeune carpelle ouvert $\frac{20}{1}$. Les ovules (b) sont dressés.
5. Carpelle plus âgé $\frac{20}{1}$. Les ovules sont tout à fait réfléchis.
6. Coupe d'un fruit $\frac{1}{1}$.
7-8. Graines et coupes longitudinales vues côté (a) et de face (b) de ces graines $\frac{2}{1}$.

MILIUSIA VELUTINA. Hf et T.

ANONACÉES

MILIUSIA MOLLIS Pierre

Hab. — Espèce très rare, des montagnes de Kérécv, situées dans la province de Samrôngtong au Cambodge et des montagnes de Chiao Xhàn vers le nord de la province de Bien-Hoà, près de la source du fleuve Dongnai (*Herb. Pierre*, n° 3274 et 3616).

Rameaux très grêles, très velus, roussâtres, puis noirâtres. Feuilles presque sessiles, oblongues, lancéolées, terminées par une pointe très fine et aigüe, obliques à la base, cordées ou arrondies, submembraneuses, ciliées sur les bords, velues sur la côte en dessus et sur la face inférieure; brunes, surtout à la face supérieure. Cyme axillaire, réduite le plus souvent à une seule fleur, et portée par un pédoncule velu et muni de 6 bractées. Sépales ovales ou deltoïdes, concaves, très larges à la base, très obtus, glabres en dedans, velus en dehors. Pétales de la série extérieure, un peu plus longs que les sépales, ovales lancéolés ou suboblongs, acuminés, légèrement concaves, carénés et pubescents en dehors, glabres et ponctués en dedans. Pétales de la série intérieure plusieurs fois plus grands que ceux de la précédente, ovales, obtus, très concaves, pubescents et ponctués en dedans, glabres à la base, très velus dorsalement. Réceptacle pyramidal ou presque cylindrique, légèrement aplati au sommet, très velu. Etamines, au nombre de 12, formant trois séries, dont la première est réduite à des lamelles. Anthères extrorses et sans prolongement de connectif. Carpelles au nombre de 3 à 4, entièrement glabres, surmontées d'un style très court et épais. Ovaire uniovulé.

Arbre de 8-10 mètres. Rameaux ascendants, très pressés et feuillus. Pétiole très velu, épais, long d'un millimètre. Feuilles glabres en dessus, noirâtres et brillantes, pâles ou ferrugineuses en dessous, longues de 3 à 11 centim., larges de 15 à 35 millim. Petites côtes au nombre de 30, légèrement dessinées sur les deux faces. Bourgeon floral et pédoncule longs de 5 à 8 millimètres, très velus. Bractées oblongues, obtuses, concaves, velues. Sépales longs de 1 millimètre, très larges à la base. Pétales extérieurs longs de 1 à 1 1/2 millim., libres, ciliés sur les bords. Pétales intérieurs longs et larges de 3 à 4 millim., épaissis sur leurs bords très velus. Etamines fertiles portées par un filet large et aplati. L'ovule est inséré à la base de l'ovaire ; il est ascendant, anatrope avec lemicropyle tourné en bas et en dehors.

Obs. — Le *Miliusia mollis* est un joli petit arbre d'ornement. Il ne perd pas ses feuilles pendant la saison sèche. Son bois est jaunâtre, composé de fibres très denses et très longues. Il est employé par les indigènes pour arcs, manches d'outils, chevilles, etc.

Cette espèce a tout le facies du *Miliusia Roxburghiana*. Elle est remarquable par le manque de développement de son connectif.

EXPLICATION DE LA FIGURE DU *MILIUSIA MOLLIS* Pierre

PLANCHE 40

A. Rameau florifère.

B. Partie inférieure de feuille agrandie 3 fois. L'artiste, par erreur, n'a pas rendu les poils qui recouvrent totalement cette face de la feuille.

1. Cyme uniflore $\frac{4}{1}$.
2. Coupe longitudinale d'une jeune fleur $\frac{12}{1}$.
3. Sépale présenté sur les faces intérieure (*a*) et extérieure (*b*) $\frac{10}{1}$.
4. Pétale de la série extérieure présenté sur les faces intérieure (*a*) et extérieure (*b*).
5. Pétale de la série intérieure présenté sur les faces intérieure (*a*) et extérieure (*b*) $\frac{10}{1}$.
6. Etamines présentées sur les faces externe (*a*) intérieure (*b*) et latérale (*c*) $\frac{12}{1}$
7. Carpelles a et b, dont un ouvert $\frac{40}{1}$.
8. Diagramme.

Pl. 40.

MILIASIA MOLLIS Pierre.

ANONACÉES

MILIUSIA CAMPANULATA Pierre

Hab. — Espèce commune, à une altitude de 200 à 300 mètres, sur les montagnes Pàng Chác et Knang-Repœu, dans la province de Tpong, au Cambodge. (*Herb. Pierre,* n° 602).

Jeunes rameaux grêles, entièrement glabres et glauques. Feuilles pétiolées, oblongues, lancéolées, terminées par une longue pointe aiguë, cunéiformes à la base, membraneuses, glabres, brillantes en dessus, pâles en dessous, glauques. Cyme axillaire, le plus souvent uniflore et rarement composée de trois fleurs, naissant au sommet d'un court bourgeon, muni de trois bractées. Pédoncule très grêle et long. Sépales linéaires oblongs, acuminés, pubescents, ciliés et verdâtres. Pétales de la série extérieure de même forme et de même coloration que les sépales, mais un peu plus longs. Pétales de la seconde série beaucoup plus grands que ceux de la première, soudés et libres au sommet, trinervés et formant une corolle campanulée ou globuleuse, terminée par trois pointes légèrement obtuses; charnus, glabres et jaunâtres. Réceptacle très élevé, cylindrique, aplati au sommet et velu. Étamines au nombre de 18 à 25, disposées en trois séries, portées par un filet court, aplati et recourbé. Anthères extrorses, à loges oblongues, réniformes et d'égal développement. Connectif ovale, acuminé, lamelleux, très accusé. Carpelles velus, au nombre de 8 à 16. Ovaire uniovulé. Jeunes fruits stipités.

Petit arbre de 2 à 12 mètres d'élévation, portant çà et là des ponctuations noirâtres. Rameaux ascendants. Tronc haut de 2 à 4 mètres, avec un diamètre de 5 à 6 centim. Pétiole canaliculé, recouvert en partie par le limbe décurrent, large de 5 à 6 millim. Feuilles larges, vers la partie supérieure, de 2 cent. 1/2 à 5 cent., longues de 14 à 18 centim. Elles ont de 18 à 22 petites côtes espacées, finement élevées, unies et formant des arcs réguliers bien avant le bord et moins apparentes sur la face supérieure. Des nervures, au nombre de 1-2 également élevées et partant de la côte, s'étendent jusqu'aux arcs formés par les petites côtes. Elles sont reliées par un réseau de veines formant des mailles très fines, très espacées et irrégulières. Le bourgeon floral porte des bractées concaves, lancéolées, à 5 ou 6 millim. de sa base et donne naissance, en ce point, à une fleur, dont le pédoncule, le plus souvent penché, est long de 3 à 4 cent. La fleur mesure en hauteur de 10 à 15 millim. et en largeur de 06 à 10 millim. Les sépales sont longs, de 4 à 5 millim., et les pétales extérieurs, de 5 à 6 millim. Les pétales intérieurs, sont longs de 15 millim. Les carpelles sont surmontés d'un style oblong, charnu et recouvert de ponctuations glanduleuses. L'ovule est inséré tout à fait à la base de l'ovaire. Supporté par un long funicule, il est ascendant, anatrope et a le mycropyle tourné en bas et en dehors. Les *jeunes* fruits sont ovales et sont supportés par un pied assez long.

Le *Miliusia campanulata* a le feuillage du *M. Macrocarpa* et la fleur du *M. Roxburghiana,* quant à ses pétales intérieurs, soudés dans une grande partie de leur longueur. Il fait partie de la section *Hyalostemma,* où tous les caractères, sauf l'union accidentelle de la corolle intérieure, sont ceux des *Miliusia.* On trouve dans le *M. Roxburghiana,* des ovaires uniovulés et biovulés, dans la même fleur. Dans ce dernier cas, les ovules sont alors bisériés comme dans le *Miliusia velutina* et comme dans les espèces de la section *Saccopetalum.* Dans le *M. Macrocarpa* H. F. et (T. *Fl. Brit. Ind.,* I, 86), les ovaires contiennent aussi deux ovules bisériés. Dans cette espèce, il y a une irrégularité qu'il importe de signaler, car elle établit d'une façon certaine la grande affinité des Bocagea et des Miliusia. Les sépales d'une jeune fleur, quelques moments avant l'anthèse, composent le verticelle le plus grand. Il sont exactement conformés comme les pétales de la série extérieure, rapprochés par leurs bords et caduques. Les pétales de la série intérieure sont soudés dans presque toute leur étendue, et ne diffèrent pas, comme forme et grandeur, des sépales et des pétales extérieurs. Il n'y a donc, en ce moment, de différence entre un *Bocagea* et un *Miliusia,* dans l'espèce qui nous occupe, que par le nombre plus considérable des ovules dans les ovaires des Bocagea, caractère lui-même très variable et de peu de valeur quand on considère que le nombre des ovules est considérable dans les espèces de *Miliusia* de la section *Saccopetalum.* Le *Miliusia campanulata* est un très joli petit arbre d'ornement. Son bois est jaunâtre, assez dense, très flexible, mais d'un usage restreint à cause de l'exiguïté de son tronc.

EXPLICATION DE LA FIGURE DU *MILIUSIA CAMPANULATA* Pierre

PLANCHE 41

A. Rameau florifère et fructifère.

1. Coupe longitudinale d'une fleur. L'artiste a mis par erreur plus de trois nervures par pétale $\frac{6}{1}$.
2. Fleurs où les pétales intérieurs ont été enlevés $\frac{6}{1}$.
3. Étamines présentées du côté extérieur (*a*); intérieur (*b*) et latéral (*c*).
4. Carpelle ouvert dans la région ovarienne.

MILIUSIA CAMPANULATA _ Pierre.

ANONACÉES

MILIUSIA FUSCA Pierre

Hab. — Espèce rare des montagnes de Rancon, situées dans la province de Samrongtong; et de celles d'Aral de la province de Tpong, au Cambodge *(Herb. Pierre, n° 737)*.

Jeunes rameaux grêles, velus, noirâtres. Feuilles courtement pétiolées, oblongues ou elliptiques-oblongues, acuminées et à pointe obtuse ; étroites, obliques, arrondies ou obtuses à la base; plus larges vers le milieu; submembraneuses ou légèrement coriaces; glabres, moins le pétiole et la côte. Cyme, de 1 à 3 fleurs, axillaire, munie de 3 bractées au sommet du bourgeon floral. Pédoncule, pubescent, muni d'une bractée oblongue. Sépales et pétales extérieurs oblongs, acuminés, presque conformes, pubescents en dehors, ciliés sur les bords. Pétales de la série intérieure 3 à 4 fois plus développés que ceux de la série précédente, ovales, obtus, concaves, pubescents en dehors, glabres en dedans. Réceptacle hémisphérique, élevé, plane au sommet, très velu. Étamines formant trois séries, dont la première est réduite à des staminodes. Carpelles glabres, ordinairement au nombre de 6, surmontés d'un style très court et obtus. Ovaire uniovulé. Baies ovales ou suboblongues, stipitées.

Petit arbre de 4-10 mètres. Rameaux très pressés et feuillus. Tronc de 10-12 mètres d'élévation, ayant un diamètre de 4-6 centim. Pétiole velu, long de 1-2 millim. Feuilles longues de 6-9 centim. sur 22-35 millim., brillantes en dessus et d'une teinte sombre après dessiccation. Petites côtes au nombre de 16-22, peu accentuées sur les deux faces, reliées par des nerfs et des veines peu visibles. Pédoncule long de 6-8 millim. Bractées velues, ciliées sur les bords. Fleur petite et globuleuse. Sépales et pétales extérieurs, longs de 1 millim. 1/2 sur 1 millim. 1/2 de largeur. Pétales intérieurs, longs de 2 millim. 1/2 sur 3 millim. de large. Étamines portées par un filament court, aplati et recourbé. Celles de la série extérieure ont la forme de lamelles ; celles des autres séries sont oblongues, extrorses ; leurs anthères ont des loges égales et espacées. Leur connectif lamelleux est légèrement acuminé et obtus. Les ovaires ont un ovule basilaire, ascendant, anatrope, avec le micropyle tourné en bas et en dehors. Les baies sont glabres; leur périsperme très mince et charnu, est rouge à la maturité. Elles mesurent 7 millim. sur 11 millim. Elles sont portées par des podocarpes longs de 7 à 8 millim. Les graines sont exactement de la forme de la baie, et ont la même organisation que celles des autres espèces de Miliusia.

Obs. — Dans le *Miliusia fusca*, les pétales intérieurs sont libres et les carpelles uniovulés. Elle appartient donc à la section *Eumiliusia*. Elle est très voisine du *M. mollis* et comme cette espèce, elle est remarquable par un nombre réduit d'étamines et de carpelles. Il conviendra peut-être d'établir une section particulière pour ces espèces qui, par leur conformation, se rapprochent à la fois des *Bocagea* et des *Orophea*.

Le *Miliusia fusca* est un joli petit arbre d'ornement. Son bois jaunâtre, dur et flexible est employé par les indigènes, pour arcs, manches d'outils, supports, etc. On ne doit pas néanmoins en tenir grand compte dans le reboisement de nos forêts.

EXPLICATION DE LA FIGURE DU *MILIUSIA FUSCA* PIERRE

PLANCHE 42

A. Rameau Florifère.

B. — fructifère.

C. Portion inférieure d'une feuille augmentée, $\frac{2}{1}$.

1. Une cyme uniflore
2. Pétale de la série extérieure présenté du côté intérieur $\frac{10}{1}$.
3. Pétales de la série intérieure, vu du côté intérieur $\frac{10}{1}$.
4. Coupe longitudinale d'une fleur $\frac{20}{1}$
5. Étamines vues du côté extérieur *a*, et du côté intérieur *b*, $\frac{20}{1}$
6. Staminode de la rangée extérieure des étamines $\frac{20}{1}$
7. Carpelles dont un ouvert *b* $\frac{10}{1}$
8. Diagramme.
9. Coupe d'une graine $\frac{20}{1}$.

MILIUSIA FUSCA. Pierre.

ANONACÉES

OROPHEA DESMOS Pierre

Hab. — Espèce rare des montagnes de Knang-Repœu, situées dans la province de Tpong du Cambodge occidental.

Jeunes rameaux velus, bientôt glabres, ponctués et noirâtres. Feuilles courtement pétiolées, ovales-oblongues ou oblongues-lancéolées, terminées par une pointe longue et obtuse; arrondies, obliques ou simplement obtuses à la base; membraneuses; brillantes en dessus, pâles en dessous; noirâtres après dessiccation; pubescentes dans la jeunesse, sur la côte, des deux côtés, sur les petites côtes en dessous et sur le pétiole; tout à fait glabres, à l'état adulte. Cyme de 1 à 2 fleurs axillaires. Pédoncule assez court, pubescent. Sépales linéaires-oblongs, lancéolés, velus. Pétales de la série extérieure ovales-lancéolés, aigus, larges à la base, velus en dehors, portant 10 nervures longitudinales et parallèles; pubescents en dedans. Pétales de la série intérieure, un peu plus longs que ceux de l'extérieure, longuement stipités, plus larges et deltoïdes au sommet, concaves, très arqués, rapprochés par leurs bords et velus. Réceptacle peu élevé plane et légèrement concave au sommet. Étamines au nombre de 16, formant 2 rangées alternes, privées de prolongement du connectif. Celles de la première sont réduites à l'état de staminodes. Les huit de la seconde sont fertiles et ovales. Les carpelles, au nombre de 6, sont velus. Ovaire contenant trois ovules unisériés. Style court, épais, recourbé, glabre. Les baies sont stipitées, cylindriques et moniliformes.

Petit arbre haut de 4 à 12 mètres. Rameaux espacés et ascendants. Tronc peu élevé, ayant un diamètre de 4 à 6 centimètres. Pétiole épais rugueux ou presque glanduleux, long de 2 à 3 millimètres. Feuilles longues de 7 à 14 centimètres, larges de 3 à 5 centimètres. Petites côtes, au nombre de 14 à 18 unies, loin du bord, reliées par des nerfs très espacés, irréguliers et par un réseau de veines très fines et peu distinctes, à la face supérieure. Bourgeon floral et pédoncule, longs de 2 cent. 1/2. Bractées longues de 3 millimètres. Sépales longs de 3 à 4 millimètres. Pétales extérieurs longs de 6 à 7 millimètres, larges à la base, de 6 millimètres; pétales intérieurs longs de 6 à 7 millimètres, carénés à la face extérieure. Étamines portées par un filet large et court. Anthères extrorses, ovales, à loges très espacées et sublatérales, plus longues que le connectif. Staminodes, au nombre de 8, ovales, échancrés au sommet ou arrondis, glanduleux sur les bords, alternes avec les étamines fertiles. Carpelles, au nombre de 5 à 6, insérés autour de la concavité formée au sommet du réceptacle. Ovules ascendants, anatropes, à micropyle tourné en bas et en dehors. Podocarpe long de 2 à 3 millimètres. Baie longue de 5 à 8 centimètres, contenant de 1 à 3 graines, séparées le plus souvent par un étranglement long de 1 à 2 millimètres. Graines presque cylindriques ou légèrement aplaties. Un canal creusé dans le testa et faisant presque le tour entier de la circonférence de la graine indique la marche du raphé. Testa, albumen et embryon, exactement comme dans les autres Anonacées.

L'*Orophea Desmos* est très voisin des *O. enneandra* (*Bl. Bijdr. p.* 18) et *O. enterocarpa M. mss.* Dans la première de ces espèces, les fleurs n'ont que 9 étamines, dont 3 seulement forment la deuxième rangée intérieure (*Miq. Flor. Ind. batav.* 1. *pars.* 1. 29). Les carpelles sont au nombre de 3. Son bourgeon floral porte de 3 à plusieurs fleurs. Dans la seconde, le nombre des étamines (*Hook. f. et Th. Fl. Brit Ind.* 1. 92) est de 12, dont 6 sont fertiles; les carpelles au nombre de 6, contiennent suivant ces auteurs, 2 à 4 ovules, et 4 à 6, suivant Maingay, d'après une note accompagnant l'échantillon, prototype de cette espèce, conservé à Kew. Ces trois espèces se ressemblent d'ailleurs beaucoup par leurs feuilles et leurs fruits. Elles diffèrent des autres espèces d'Orophea connues, par leurs étamines dépourvues de prolongement de connectif et par la forme cylindrique de leurs fruits, étranglés dans l'intervalle de chaque graine. Je pense qu'il convient de les ranger dans une section spéciale que j'appelle *Maingaya*.

L'*Orophea Desmos* a un bois jaunâtre, très flexible et assez dur. Il est peu employé. Il n'y a pas à en tenir compte au point de vue forestier.

EXPLICATION DE LA FIGURE DE L'*OROPHEA DESMOS* PIERRE

PLANCHE 43

A. Rameau fructifère et florifère.

B. Partie d'une feuille vue du côté de la face inférieure $\frac{2}{1}$.

1. Bourgeon floral portant 2 fleurs, dont une, à l'aisselle de la bractée inférieure, est avortée [illegible].
2. Fleur, où les pétales de la série intérieure, ont encore leurs bords rapprochés $\frac{6}{1}$.
3. Fleur à l'état de développement complet $\frac{1}{1}$.
4. Etamines présentées du côté extérieur *a*; intérieur *b*; et latéral *c*. $\frac{15}{1}$.
5. Staminodes vus du côté extérieur *e*, *f*; et du côté intérieur *d*. $\frac{15}{1}$.
6. Coupe d'une fleur privée de ses pétales $\frac{1}{1}$.
7. 8. Carpelles ouverts dans la région ovarienne, présentés de face $\frac{16}{1}$ et latéralement $\frac{8}{1}$.
9. Graines vues de face *b*; et de côté *a* $\frac{1}{1}$.
10. Coupe d'une graine entourée de son périsperme $\frac{3}{1}$.

OROPHEA DESMOS Pierre.

OROPHEA THORELII Pierre

Hab.— Habite les montagnes Deon-Ba, dans la province de Tayninh ; de Chủa-Chang, dans celle de Bien-Hoa; et de Kéréev, dans celle de Samrongtổng au Cambodge.

Jeunes rameaux tomenteux, grisâtres, puis ponctués et noirâtres. Feuilles oblongues lancéolées, terminées par une longue pointe obtuse au sommet, plus larges vers la partie médiane, obliques, étroites et obtuses à la base, pubescentes en dessous dans le premier âge, entièrement glabres à l'éatt adulte, presque membraneuses, brillantes en dessus, pâles en dessous. Petites côtes, au nombre de 24, arrondies et unies, avant d'atteindre le bord du limbe; fines et peu accentuées sur les deux faces, réunies par des nerfs et des veines distinctes seulement en dessous. Bourgeon floral axillaire plus court ou aussi long que les pédicelles, terminé par deux à trois bractées et une cyme de une à deux fleurs. Pédicelles grêles, pubescents, munis d'une bractée médiane lancéolée. Sépales libres, ovales, acuminés et obtus, pubescents sur le dos, velus sur le bord et glabres en dedans. Pétales extérieurs plus petits que ceux de la deuxième série, ovales, courtement acuminés, obtus, pubescents ou presque glabres en dehors; velus sur les bords, glabres, ponctués et portant 7 à 10 nervures parallèles et longitudinales, en dedans. Pétales intérieurs longuement pédiculés, larges, cordés, deltoïdes acuminés et obtus au sommet; munis d'une glande excavée et transversale, vers la base du limbe, en dedans; pubescents vers le sommet dorsal; velus sur les bords du limbe en haut et en dedans; soudés ou rapprochés seulement dans le jeune âge. Réceptacle pyramidal, peu élevé, velu. Étamines, le plus souvent au nombre de six, formant une seule série ou au nombre de neuf dans les fleurs mâles. Anthères ovales, à loges extrorses très espacées, terminées par un connectif lamelleux, lancéolé et obtus. Carpelles au nombre de 4 à 6, glabres, terminés par un style recourbé, épais, obtus et blanchâtre, Fruit inconnu.

Arbre de 4 à 8 mètres. Rameaux très pressés et très feuillus. Tronc de 1 à 2 mètres de hauteur et épais de 5 à 6 centim.; noirâtre. Pétiole long de 1 à 2 millim., pubescent d'abord, puis glabre. Feuilles longues de 9 centim. sur 2 cent. 1/2 à 3 cent.; arrondies ou simplement obtuses à la base. Bourgeon floral long de 5 à 10 millim. Pédicelle long de 8 à 15 millim., très grêle. Bractées ovales lancéées, très velues, plus longues que celles de la base. Sépales longs de 1 millim. 1/4 sur 1 millim. 1/4 de largeur. Pétales intérieurs longs de 2 millim: 1/4 sur 2 millim. 1/4 de large, à pointe courte et obtuse, réfléchis après l'anthèse. Pétales intérieurs longs de 4 millim. 1/2 et larges, vers le milieu, de 3 millim. 1/2. Ovaire contenant deux ovules unisériés, ascendants, anatropes, avec le micropyle en bas et en dehors.

Obs. — J'ai longtemps hésité avant de créer cette espèce. Elle est très voisine des O. Hexandra *(Bl. Fl. Jav. Anon., p. 84, t. XI)* et O. acuminata [A. DC. *in Mem. Soc. gen.* v. 39], espèces unies par Kurz [*in Fl. Brit. Burm.*, 1, 49-50] et que je n'ai pu analyser, faute de matériaux. Les espèces de ce genre sont très mal représentées dans les herbiers de Londres et de Paris. Mais en se basant sur la figure de Blume, sur sa description, sur celles de MM. Hooker et Thompson [*Fl. Brit. India*, 1, 91] et sur celle de Kurz, les caractères devant distinguer l'O. Thorelii des deux espèces précitées, sont certainement tranchées. Les feuilles adultes sont pubescentes en dessous dans les O. acuminata et O. hexandra. Dans les mêmes espèces, les cymes sont de une à trois fleurs; les bractées sont plus nombreuses et subulées; les sépales sont oblongs, lancéolés et velus sur les deux faces; les pétales extérieurs sont aigus et pubescents en dedans; les étamines d'inégale dimension, et dont trois seulement sont fertiles, ne sont jamais au nombre de neuf; enfin, les carpelles sont velus.

L'Orophea Thorelii est un petit arbre très gracieux. Il est assez commun à l'altitude de 200 à 300 mètres. Ses feuilles nouvelles sont purpurines. Son bois est blanc et rayé de lignes brunes, quand il est vieux. Les indigènes ne l'emploient que pour balanciers, manches d'outils, etc.

Le docteur Harmand a trouvé dans les montagnes d'Attopeu, sur la rive occidentale du Mékong, par la latitude de 13°, une espèce que j'avais failli confondre avec l'O. Thorelii, mais qui s'en distingue par des feuilles pubescentes en dessous, à l'état adulte, par des pédoncules très courts et des baies presque sessiles. En voici la description:

Orophea Harmandiana Pierre

Jeunes rameaux, velus, roussâtres à l'état adulte. Feuilles courtement pétiolées, oblongues, lancéolées, acuminées, terminées par une pointe longue, large et obtuse, étroites, oblongues et obtuses à la base, pubescentes et pâles en dessous, velues sur la côte et le pétiole à l'état adulte, brillantes et glabres en dessus, légèrement coriaces. Fleurs solitaires. Bourgeon floral long de 1 à 2 millim., muni d'une bractée lancéolée, obtuse, velue en dehors. Pédicelle long de 4 à 5 millim., muni d'une bractée médiane, velu, épais d'un 1/2 millim. Baies au nombre de deux à trois, pisiformes longues et larges de 6 à 8 millim., glabres, brillantes à l'état de siccité, presque sessiles.

EXPLICATION DE LA PLANCHE 44

Oropheа Thorelii Pierre

A. — Rameau florifère.

C. — Portion de feuille vue du côté de la face inférieure $\frac{2}{1}$.

1. Jeune bouton $\frac{10}{1}$.

2 *a*. Pétale de la série extérieure $\frac{10}{1}$; 2 *b*. Pétale de la série intérieure vu du côté intérieur $\frac{10}{1}$; 2 *c*. pétale de la série intérieure vu du côté extérieur $\frac{10}{1}$.

3. Fleur après l'anthèse $\frac{10}{1}$.

Étamines présentées du côté extérieur (*b*) ; intérieur (*c*) et latéral (*a*) $\frac{14}{1}$.

5. Carpelle (*a*) dont l'ovaire est ouvert (*b*) $\frac{40}{1}$.

6. Diagramme.

Oropheа Harmandiana Pierre

B. — Rameau fructifère.

7. Fruit $\frac{1}{1}$.

8. Graine débarrassée de son péricarpe (*a*) $\frac{1}{1}$, coupée longitudinalement (*b*) $\frac{2}{1}$.

PL. 44.

A... OROPHEA THORELII Pierre.
B ... — HARMANDIANA Pierre.

ANONACÉES

OROPHEA UNDULATA Pierre

Hab. — Espèce fréquente dans la région montagneuse d'Attopeu, vers le 13e de latitude, sur la rive gauche du Mékong. *(Collection Harmand, Herb. Pierre,* n° 1831.*)*

Jeunes rameaux pubescents, bientôt glabres et ponctués. Feuilles oblongues, lancéolées, obtuses au sommet, étroites et obtuses à la base, légèrement ondulées, brillantes en dessus, pubescentes en dessous. Cyme axillaire de 1 à 2 fleurs, le plus souvent uniflore. Bourgeon floral, nu à la base et muni, sur les ramifications, de 4 à 7 bractées alternes, ovales lancéolées et pubescentes. Pédicelle plus court que le bourgeon floral. Sépales ovales obtus, pubescents en dehors et ciliés. Pétales extérieurs plus petits que ceux de la série intérieure, ovales, à peine acuminés, obtus, concaves, pubérulents sur la face dorsale, ciliés; glabres en dedans, ponctués et portant 11 nervures longitudinales. Pétales intérieurs, longuement pédicellés, deltoïdes, obtus sur les angles, à peine pubescents sur la face dorsale, velus sur le bord épaissi de sa face intérieure, muni à la base élargie du limbe, de deux glandes creuses, obliques ou subverticales. On trouve souvent une 3e série de pétales, cunéiformes à la base, triangulaires, obtus, à peu près conformes à ceux de la deuxième série, mais plus petits, et munis d'un pied plus court. Réceptacle peu élevé, hémisphérique, aplati au sommet, presque glabre. Étamines au nombre de 6, portées par un filet large et court, et terminées par un connectif peu prononcé et élevé. Carpelles au nombre de 12, presque glabres, terminés par un style épais, court, recourbé et blanchâtre. Ovaire contenant 2 ovules superposés ou unisériés. Fruit inconnu.

Petit arbre de 4-5 mètres. Rameaux très pressés, bruns. Pétiole long de 1 millim. à 1 millim. 1/2, velu. Feuilles longues de 6 à 8 centim., larges de 2 cent. à 2 centim. 1/2. Petites côtes au nombre de 20 à 24, reliées par des nervures et des veines peu visibles en dessus, élevées en dessous. Bourgeon floral long de 12 à 15 millim. Pédicelle long de 4 à 6 millim. Pétales extérieurs longs et larges de 2 à 3 millim. Pétales intérieurs longs de 4 à 5 millim. Les ovaires contiennent 2 ovules ascendants, anatropes avec le mycropyle tourné en bas et en dehors.

Obs. — L'*Orophea undulata* est certainement très voisine de l'.*O polycarpa* A. D. C. Cependant, malgré le mauvais état dans lequel on trouve, dans les herbiers, les espèces du genre Orophea, il est facile de distinguer ces deux espèces. L'*O. polycarpa* a, en effet, des feuilles obovées ou ovales oblongues, glabres, beaucoup plus larges que celles de l'*O. undulata*. Son inflorence est plus longue. Ses sépales sont aigus, (*H. f. et T. N. Brit. Ind.* 1. 91). Ses pétales extérieurs ne sont pas acuminés et ses carpelles sont, d'après les descriptions, entièrement glabres.

Je ne connais pas le bois de l'*Orophea undulata*. Il est probable, qu'il ne doit pas différer de celui des espèces du même genre.

EXPLICATION DE LA FIGURE DE *L'OROPHEA UNDULATA* Pierre.

PLANCHE 45

A. Rameau florifère.

B. Face intérieure d'une section de feuille $\frac{2}{1}$.

1. Inflorescence $\frac{3}{1}$.
2. Coupe d'une fleur $\frac{12}{1}$.
3. Pétale extérieur vu du côté intérieur *a*, et du côté extérieur *b*.
4. Pétale intérieur ou de la 2me série d'une jeune fleur, vu du côté extérieur *b*, et du côté intérieur *a*, $\frac{10}{1}$.
5. Pétale intérieur ou de la 2me série, d'une fleur adulte, vu du côté intérieur $\frac{10}{1}$.
6. Pétale de la 3me série, vu sur les faces intérieure *a*, et extérieure *b*, $\frac{12}{1}$.
7. Étamines présentées du côté extérieur *a*, du côté intérieur *b*, et du côté latéral *c*, $\frac{10}{1}$.

8-9. Carpelles, dont un ouvert, $\frac{20}{1}$.

E. Delpy del.

L. Hugon et J. Storck lith.

OROPHEA UNDULATA. Pierre.

Paris. O. Doin, Ed.

ANONACÉES

OROPHEA ANCEPS Pierre

Hab. — Espèce provenant de la base des montagnes Chéréev et de celles d'Aral dans la province de Samrongtöng du Cambodge. *(Herb Pierre n° 738 c.)*.

Jeunes rameaux très minces, recouverts d'un poil très court et roux. Feuilles courtement pétiolées, oblongues, lancéolées, longuement acuminées, terminées par une pointe obtuse et presque falciforme; obliques, étroites et obtuses à la base; élargies vers le centre; presque membraneuses; légèrement pubescentes et bientôt glabres en dessous. Cyme biflore, au sommet d'un bourgeon pubescent plus long que les pédicelles et muni de 2 bractées. Pédicelle pubescent. Sépales ovales oblongs, acuminés, obtus, velus en dehors et ciliés. Pétales extérieurs, plus courts que ceux de la 2me série, ovales, obovés, pubescents en dehors, ciliés sur les bords, multinervés et glabres en dedans. Pétales de la 2me série, deltoïdes dans la partie supérieure, obtus, épais; munis, vers la base du limbe, de deux glandes concaves et obliques; ponctués et presque glabres en dehors; pubescents ou velus, au sommet, sur les bords épaissis de la face intérieure. Réceptacle peu élevé. Étamines au nombre de 6 unisériées, terminées par un connectif acuminé. Carpelles au nombre de 12, oblongs, glabres, étranglés. Style recourbé, épais, glanduleux et obtus. Fruit inconnu.

Petit arbre de 8 à 15 mètres. Rameaux écartés et très feuillus. Tronc ayant un diamètre de 8 à 10 centimètres. Pétiole long d'un millim., velu. Feuilles longues de 10 à 12 cent., larges de 35 à 40 millim. vers la partie médiane; terminées par une pointe longue de 10 à 15 millim., brillantes; brunes ou noirâtres, après dessication, au-dessus; pâles en dessous. Petites côtes au nombre de 12 à 16, arrondies et unies loin du bord, reliées par des nerfs et des veines accentuées en dessous, peu apparentes en dessus. Bourgeon floral et pédicelles filiformes, longs de 25 à 30 millim. Bractées ovales, lancéolées, très velues. Sépales longs et larges d'un millim. Pétales extérieurs, longs de 2 à 3 millim. Pétales intérieurs, longs de 4 millim. et larges de 3 millim. dans la partie supérieure, presque glabres et ponctués en dehors, carénés en dedans.

Obs. — *L'O. anceps* est une espèce très voisine de l'*O. polycarpa*. Elle s'en distingue par des feuilles plus petites, franchement oblongues et cuspides; par le nombre invariable des bractées et des fleurs de son inflorescence.

Je n'ai aucun renseignement sur la valeur de son bois. Il doit être de peu d'utilité, si je considère l'usage restreint de celui des espèces d'Orophea et le petit diamètre que mesure son tronc.

J'ai fait figurer *planche 46 B*, un échantillon (*Herb. Pierre* 738 *b*), en fruit, d'une espèce qui, quoique très voisine de l'*O. polycarpa*, me paraît néanmoins distincte. Elle provient des montagnes de Krewanh de la province de Pusath. Elle a des feuilles beaucoup plus petites que celles de l'*O. polycarpa*, et pubescentes en dessous. Son bourgeon floral n'est pas terminé par les nombreuses bractées qu'on voit dans cette espèce, et porte 3 pédicelles épaissis au sommet. Par tous les autres caractères, elle paraît identique à l'*O. polycarpa*, espèce dont malheureusement, je n'ai pu, faute de matériaux, faire l'analyse.

Orophea polycephala Pierre.

Jeunes rameaux velus, puis ponctués. Feuilles ovales ou ovales-oblongues, acuminées, obtuses au sommet, arrondies ou sublongues à la base, légèrement coriaces, pubescentes en dessous et sur le pétiole. Bourgeon floral plus court ou égalant les trois pédicelles qui le terminent, pubescent. Pédicelles du fruit munis, à la base, d'une bractée lancéolée et d'une autre placée vers le milieu; articulés, épaissis vers le sommet et pubescents. Sépales persistants sous le fruit, ovales, aigus et ciliés. Baies pisiformes, glabres, aussi longues que leurs podocarpes.

Feuilles longues de 9 cent. 1/2 à 6 cent. 1/2 sur 3 à 4 cent. de largeur. Pétiole long de 2 millim., canaliculé en dessus, pubescent. Bourgeon floral et pédoncules, longs de 4 cent., pubescents. Baies, avant maturité, pisiformes, glabres, longues et larges de 8 millim. Podocarpes longs de 4 à 5 millim.

EXPLICATION DE LA PLANCHE 46.

A. Rameau florifère de l'Oropheа anceps Pierre.

1. Fleur $\frac{10}{1}$.
2. Fleur privée de ses pétales extérieurs $\frac{10}{1}$.
3. Pétale extérieur $\frac{10}{1}$.
4. Pétale de la série intérieure, à l'état adulte.
5. Pétale — avant l'anthèse.
6. Étamines vues du côté extérieur *a*, et latéral *b* $\frac{20}{1}$.
7. Carpelle ouvert $\frac{20}{1}$.

B. Rameau fructifère de l'Orophea polycephala Pierre.

C. Face inférieure d'une portion de feuille $\frac{1}{1}$.

Pl. 40.

A. OROPHEA ANCEPS. Pierre

B. O ——— POLYCEPHALA. Pierre.

CHAILLETIACÉES

DICHAPETALUM BAILLONI Pierre

Hab. — Espèce assez rare, croissant à une altitude de 3 à 400 mètres sur la montagne de Ong Chao dans l'île Phu Quốc et celles de Cam Chay, dans la province de Kamput.

Jeunes rameaux, velus, roux, recouverts çà et là, à l'état adulte, d'excroissances pustuleuses. Feuilles pétiolées. elliptiques, terminées subitement par une pointe plus ou moins longue et aiguë; arrondies ou très obtuses à la base; plus larges vers le centre; coriaces, velues, rugueuses et roussâtres en dessous; ciliées sur le bord; velues sur la côte et les petites côtes; noirâtres après dessication, en dessus. Cymes unipares scorpioïdes, disposées en grappe axillaire. Fleurs courtement pédicellées. Sépales unis près de la base et de longueur variable sous le fruit; ovales, oblongs, velus et grisâtres en dehors; presque glabres en dedans. Pétales plus longs que les sépales, persistants sous le fruit, linéaires oblongs, bifides au sommet, subaigus, munis de 3 nervures longitudinales, glabres. Étamines portées par des filets presque aussi longs que les pétales, aplatis à la base, subulés au sommet; loges de l'anthère divergentes, versatiles, déhiscentes en haut par une fente transversale. Ovaire contenant 2 à 3 loges biovulées. Drupe indéhiscent, ovoïde et légèrement oblique quand il est à une loge; didyme et un peu comprimé quand il contient 2 loges; terminé par un style à lobes réfléchis; recouvert de poils courts, rugueux et grisâtres. Périsperme coriace; endosperme crustacé. Graine pendue, recouverte par un tégument mince, légèrement coriace, rougeâtre et privée d'albumen. Cotylédons ovales. oblongs, blancs, convexes, épais. charnus. Radicule supère. dépassant légèrement les cotylédons.

Petit arbre de 1 à 2 mètres, à rameaux retombants ou presque grimpants. Pétiole long de 5 à 10 millim., épais, tomenteux et roussâtre. Feuilles longues de 9 cent. 1/2 à 16 cent. 1/2; larges de 5 cent. 1/2 à 9 cent. 1/2; le plus souvent longues de 10 à 13 cent., sur 6 cent. à 6 cent. 1/2 de large. Petites côtes au nombre de 16 à 20, visibles et déprimées en dessus, très accentuées en dessous, légèrement ascendantes, parallèles, courbées ou arrondies tout près du bord du limbe, reliées par des nervures transversales très fortes en dessous, et des veines non aréolées ou formant un réseau irrégulier. Grappe dans le rameau fructifère, longue de 5 à 6 millim., chargée de bractées et velue. Sépales, sous le fruit, longs de 2 millim. Pétales, sous le fruit, longs de 3 millim., fendus à l'extrême sommet ou partagés en deux lobes divergents et obtus. Étamines, sous le fruit, longues de 3 à 4 millim. 1/2. Drupe biloculaire, longue de 2 cent., large de 2 cent. ou longue de 2 cent. sur 1 cent. 1/2, quand elle est uniloculaire.

Obs. — Je ne connais pas les fleurs de cette espèce. Par ses feuilles, elle est très voisine du *Chailletia macropetala*, Turcz (*in Bull. Mosc.* 1863. Pt. 1. 611). Elle s'en distingue par des pétales non fendus jusqu'à la moitié de leur longueur, mais surtout par ses feuilles obovales, subitement acuminées et par un pétiole plus long. Du *Chailletia deflexifolia* Turcz (*in Bull. Mosc.* 1863. pt. 1. 611), elle diffère principalement par des cymes plus courtes.

Le genre *Dichapetalum Dup. Th.* a été placé par *M. H. Baillon* parmi les Euphorbiacées. Ses rapports avec cette famille sont nombreux et incontestables, mais il en a également avec celle des Rosacées qui méritent d'être indiqués. Dans les *Dichapetalum Heudelotii* et *D. Hispidum* figurés par M. H. Baillon *(Hist. des Plantes. Euphorb.*, p. 140-141), le réceptacle est abaissé comme celui des Rosacées. Les pétales sont bilobés comme dans certaines espèces de *Pygeum* asiatiques. L'obturateur qui coiffe les ovules de certains *Dichapetalum* se retrouve dans l'expansion placentaire recouvrant les ovules collatéraux des *Prunus*. Quant au fruit du *Dichapetalum Bailloni*, il est exactement, moins les dimensions, conformé comme celui du *Prunus amygdalus*. Ce sont certainement de très grandes affinités. Voilà pourquoi je maintiens cette petite famille, servant de lien, entre les *Euphorbiacées* et les *Rosacées*.

Le *Dichapetalum Bailloni*, d'après la forme du calice persistant sous le fruit, doit avoir un réceptacle abaissé. Les indigènes ne lui reconnaissent aucune utilité. Son tronc, très court, est couvert de nœuds. Son bois est blanc.

EXPLICATION DE LA FIGURE DU *DICHAPETALUM BAILLONI* PIERRE.

PLANCHE 47.

A. Rameau fructifère.

B. Face inférieure d'une portion de feuille.

1. Pétale.
2. Étamine avant l'anthèse *a* et après l'anthèse *b*.
3. Style.
4. 5. Fruits.
6. Coupe longitudinale d'un fruit uniloculaire grossi.
7. Coupe transversale d'un fruit à 2 loges.

E. Delpy del.   L. Hugon et J. Storck lith.

DICHAPETALUM BAILLONI Pierre.

CHAILLETIACÉES

DICHAPETALUM HELFERIANUM Pierre

(*Chailletia Helferiana*, Kurz in Beng. *As. Soc. Journ.* XLI, 1872. pt. 2. 297. Hook. et T. *Fl. Brit. Ind.* 1. 570).

Habite la plaine, vers la montagne « Luang » près de Wa-ton, point d'observation de l'éclipse de sept. 1868, vers le 11° lat. N. et le 119° long. sur la côte orientale de la presqu'île de Malacca, dans le royaume de Siam, et le voisinage de Compong Xom, dans le Cambodge occidental. (*Herb. Pierre*, n° 2780.)

Jeunes rameaux anguleux, grêles, velus et grisâtres, puis glabres et portant, çà et là, des ponctuations verruqueuses dans l'âge adulte. Stipules libres, géminées, linéaires, lancéolées, velues. Feuilles pétiolées, entières, oblongues, lancéolées ou obovées, longuement acuminées; terminées par une pointe très aiguë, glanduleuse et noirâtre; larges vers le centre; obtuses ou arrondies ou légèrement aiguë à la base, velues sur les bords et sur la côte. Grappe de cymes unipares scorpioïdes, plus longue que le pétiole, velue et composée de six à sept fleurs courtement pédicellées. Sépales imbriqués, oblongs, obovés, coriaces, velus. Pétales persistants, plus longs que les sépales; linéaires oblongs, obtus, échancrés ou bilobés au sommet, parcourus longitudinalement par trois nervures parallèles, *glabres*. Étamines opposées aux sépales, persistantes, portées par des filets plus longs que les pétales, raides, filiformes. Anthères introrses débordées par un connectif elliptique. Glandes opposées aux pétales, ovales, ondulées sur les bords, glabres. Ovaire biloculaire oblong, terminé par deux styles recourbés en forme d'hameçon et tronqués au sommet. Ovules au nombre de deux dans chaque loge, collatéraux, descendants, terminés en haut et en dehors par une pointe micropylaire assez longue. Jeune fruit, ovale, velu, le plus souvent uniloculaire et monosperme.

Petit arbre de 6 à 8 mètres. Rameaux anguleux, à nervures longitudinales, plus ou moins apparentes après dessication. Stipules longues de 2 millim. 1/2 à 3 millim., articulées et larges à la base, non soudés au pétiole, longtemps persistantes. Pétiole arrondi, canaliculé, velu, long de 7 à 8 millim. Feuilles oblongues ou elliptiques, subitement terminées par une pointe longue de 10 millim., membraneuses ou à peine coriaces; longues de 12 cent., larges de 4 cent. Petites côtes au nombre de 20 à 24, visibles sur les deux faces; plus accusées en dessous, arrondies et unies avant la marge de la feuille. Nervures presque aussi fortes que les petites côtes en dessus, les unes presque parallèles à celles-ci, les autres transversales ou formant un réseau très espacé et irrégulier. Veines très accentuées, visibles sur les deux faces. Bourgeon floral, long de 1 cent. 1/2 à 2 cent. Pédicelle long de 3 millim. Sépales longs de 1 millim. 1/2 à 2 millim. Pétales longs de 2 millim. 1/2 à 3 millim., fendus à l'extrême sommet seulement. Étamines longues de 3 millim. 1/2 à 4 millim. Fruit, avant maturité, long et large de 6 à 8 millim.

Obs. — J'ai suivi M. H. Baillon (*Adansonia* XI, 113-114) en adoptant le nom générique créé par Dupetit-Thouars: (*Nova genera madascariensia* 1806), de préférence à ceux de *Symphillanthus Vahl* 1810 et de *Chailletia, P. de Candolle* 1812.

Kurz (*For. flor. Brit. Burm.* 1. 230), dit que le *Chailletia Helferiana* a des pétales soyeux: « *Sepals and petals silky-pubescent outside* ». Ce n'est certainement pas le cas de notre n. 2780, comparé par le Docteur Oliver, avec l'échantillon de Helfer, conservé à Kew, et n'en différant pas, d'après une lettre de cet éminent botaniste. M. Hooker (*Fl. Brit. Ind.* 1. 570) rapporte d'ailleurs la plante d'Helfer au *Chailletia Brunoniana Wall. Cat.* 4038, prototype de l'espèce.

Le bois de cette espèce est blanc et d'aucune utilité. Il émet, en brûlant, une très légère odeur d'*Aquilaria Agalocha*.

EXPLICATION DE LA FIGURE DU *DICHAPETALUM HELFERIANUM* PIERRE.

PLANCHE 48.

Rameau florifère.

Rameau fructifère.

Face inférieure d'une portion de feuille $\frac{3}{1}$.

1. Coupe longitudinale d'une fleur $\frac{15}{1}$.
2. Autre coupe longitudinale où l'ovaire a été enlevé, afin de faire voir la disposition des parties de la fleur $\frac{13}{1}$.
3. 1 pétale $\frac{18}{1}$
4. Étamines vues du côté intérieur *a* et latéral *b*. Les anthères sont bordées circulairement par une expansion du connectif.
5. Coupe longitudinale d'un jeune fruit $\frac{8}{1}$.
6. Diagramme. L'artiste, par erreur, n'a pas bien placé la division des loges.

E. Delpy del.

L. Hugon et J. Storck lith.

DICHAPETALUM HELFERIANUM Pierre.

HYPERICACÉES

CRATOXYLON NÉRIIFOLIUM Kurz.

(*In Journ. As. Soc. Beng.* 1872. Pt II. 293. — Dyer in Hooker. *Flor. Brit. Ind.* 1. p. 257. — Kurz in For. *Flor. Brit. Burm.* 1. p. 85)

Habite le Cambodge, près de Stung-Treng (*Coll. Thorel. Herb. Pierre*, n° 3239) et la Birmanie, depuis Chittagong jusqu'à Tennasserim.

Rameaux longs, écartés, le plus souvent alternes, rarement opposés, arrondis, bruns-rougeâtres, glabres. Feuilles opposées, munies d'un pétiole très court, oblongues ou linéaires-oblongues, lancéolées, courtement acuminées, cordées ou semi-sagittées à la base, coriaces, brillantes en dessus, pâles ou glauques en dessous, ponctuées sur les deux faces, glabres. Leurs petites côtes, au nombre de 60 environ, sont élevées sur les deux faces, surtout en dessus. Elles s'étendent en se ramifiant beaucoup, jusqu'au bord du limbe, et sont reliées par un réseau veineux très prononcé, formé de mailles très espacées. Les fleurs sont disposées en grappes de cymes bipares, axillaires ou terminales, au nombre de 1 à 5 sur les ramifications. Elles sont courtement pédicellées et glabres dans toutes leurs parties. Les sépales sont elliptiques ou ovales lancéolées, obtus, concaves, épais et traversés en longueur par des nervures parallèles, de nature glanduleuse, et noirâtres après dessication. Les pétales sont obovés, concaves, membraneux et munis de nervures semblables à celles des sépales. Les étamines, distribuées en trois phalanges ou prolongements du réceptacle, sont au nombre de 60 environ. Leurs filets sont courts et leurs anthères ovales, sont introrses. Les glandes hypogynes, sont très petites, dans le bouton, plus larges que hautes, épaisses, concaves, arrondies, sans trace de mucron et dix fois plus courtes que les phalanges ou l'ovaire. Le pistil, formé de 3 carpelles libres dans leur partie stylaire est à 3 loges, contenant chacune, 8 ovules disposées dans l'ordre alterne sur l'un et l'autre bord de la feuille carpellaire. Les capsules sont un peu plus longs que les sépales, ovales et sont surmontés de leurs styles. Elles contiennent, dans chaque loge, 8 graines ailées.

Arbre de 15 à 20 mètres. Tronc long de 4-5 mètres, avec un diamètre de 15 à 20 centim. Écorce feuilletée d'un brun-rougeâtre. Bois rouge-brun assez dur, parsemé de nœuds. Pétiole long d'un millim. Feuilles longues de 5 cent. 1/2 à 10 centim., larges de 2-3 centim., presque sessiles. L'inflorescence est longue de 1 cent. 1/2 à 4 cent. Les sépales, dans le bouton, sont longs de 4 millim.; sous le fruit, ils sont longs de 7 millim. Ils sont coriaces, de consistance ligneuse et parcourus de nervures longitudinales nombreuses. Les pétales, dans le bouton, sont longs de 3 millim. La longueur des phalanges, dans le bouton, égale à peu près celle du pistil, et est de 2 millim. 1/2. Les styles sont émarginés au sommet. La capsule est longue de 9 millim. Son pédicelle est long de 3 millim. Les graines sont longues de 4 millim. 1/2. La radicule térétiforme est plus longue que les cotylédons.

Cet arbre est très peu répandu en Basse-Cochinchine. Il a beaucoup de rapport avec le *C. polyanthum*, ainsi que l'observe M. Dyer (*loc. cit.*), mais s'en distingue par la forme des pétales, des glandes et du style émarginé. Je n'ai pu analyser les échantillons de Kurz, du *C. neriifolium*. Je tiens pourtant à observer que Kurz décrit les glandes hypogynes aussi longues que l'ovaire, ce qui n'est pas le cas des échantillons de Cochinchine où ces glandes, sont au moins dix fois plus courtes que ce corps. Elles n'ont pas aussi leur bord mucroné comme le dit M. Dyer. La forme de ces glandes, dans une même fleur et dans une même espèce, est d'ailleurs très variable.

L'écorce de cet arbre est utilisée en teinture. Son bois convient pour placage. Les indigènes l'emploient pour charrue, manches d'outils et même dans la construction de leurs cases. Il est vrai qu'ils ne lui accordent pas une longue durée, quand il est employé dans les œuvres extérieures d'une construction.

EXPLICATION DES FIGURES DU *CRATOXYLON NERIIFOLIUM* Kurz.

PLANCHE 49

A. Rameau fructifère.

B. Rameau florifère.

A'. Section de feuille agrandie $\frac{2}{1}$.

1. Jeune fleur privée de ses sépales, de ses pétales et d'une phalange staminale.
2. Glandes très grossies.
3. Diagramme.
4. Fruit $\frac{2}{1}$.
5. Graines dans leur position sur le placenta $\frac{5}{1}$.
6. Graine grossie.

CRATOXYLON NERIIFOLIUM. Kurz.

HYPERICACÉES

CRATOXYLON POLYANTHUM

(Korth Verhand. *Nat. Gesch. Bot.* 175. t. 36. — Dyer. *Fl. Brit. Ind.* 1. p. 257. — Kurz. *Fl. Brit. Ind.* 1. p. 84)

Annam : nganh nganh.

Espèce très répandue dans toutes les parties de la Basse-Cochinchine et du Cambodge. (*Herb. Pierre* n°s 1795, 3236. *Coll. Bois* n° 50.) Elle est trouvée aussi dans toute l'Indo-Chine, en Chine, à Bornéo.

Rameaux opposés, ascendants, comprimés dans le jeune âge, très grêles. Feuilles ovales oblongues ou linéaires, oblongues, lancéolées, aiguës aux deux extrémités ou obtuses, peu épaisses, plus ou moins couvertes en dessous de ponctuations noirâtres. Petites côtes au nombre de 16 à 26, ascendantes, fines, mais nettement dessinées surtout à la face supérieure; unies par un réseau de veines très accentuées sur les deux faces. Cymes axillaires ou terminales portant une à trois fleurs. Pédicelles articulés très courts. Sépales elliptiques, obtus ou arrondis, épais, à nervures glanduleuses très visibles avec l'âge. Pétales oblongs, arrondis, plus larges vers le milieu, étroits à la base, munis entre les nervures de glandes linéaires ou réduites, quelquefois, à de simples ponctuations parallèles, d'inégale longueur; membraneuses ou presque translucides; roses ou rougeâtres. Étamines au nombre de 45 à 55, par phalange. Glandes, ou très petites et quelquefois manquant; ou très grosses; cucullées en dehors et convexes en dedans. Carpelles plus longs ou égalant en longueur les phalanges, oblongs, soudés jusqu'à la base du style et contenant 4 à 7 ovules par loge. Capsules oblongues, moins longues que les sépales ou presque d'égale longueur, contenant de 4 à 7 graines ailées, oblongues, obovées, étroites à la base. Embryon cylindrique à radicule plus courte que les cotylédons.

Arbre de 8 à 10 mètres. Tronc très épineux, rougeâtre, ayant un diamètre de 20 à 25 centimètres. Écorce mince, pelée, tombant par plaques rondes ou subelliptiques, rougeâtre, épaisse d'un millim. à 1 millim. 1/2, à suc noirâtre après dessiccation. Pétiole long de 2 à 5 millimètres. Feuilles longues de 3 à 9 centimètres, larges de 30 à 31 millimètres, de forme très variable, le plus souvent oblongues et aiguës aux deux extrémités. Pédoncule axillaire ou terminal de 1 à 10 millimètres, très grêle. Pédicelle long de 1 à 2 millimètres, épaissi quand il est fructifère. Sépales longs de 6 millimètres, larges de 4-5 millimètres, un peu plus grands dans les pièces intérieures. Pétales longs de 8 millimètres, larges de 3 à 4 millimètres. Les glandes sont opposées aux carpelles. Elles sont, ou lancéolées, ou recourbées en dehors, très grosses. Elles sont de même que les phalanges souvent persistantes sous le fruit. Capsule longue de 11 à 12 millimètres, avec un diamètre de 6 à 7 millimètres. Elle dépasse les sépales ordinairement de 2-3 millimètres; les graines sont obovées ou sub-acuminées. L'aile est finement aréolée.

Le *Cratoxylon polyanthum* a un tronc peu élevé. Son diamètre est de 10 à 15 centimètres. Son bois est lourd, d'un rouge très pâle et parsemé de nœuds. Son grain est fin. Il peut être utilisé pour placage. Il est cependant peu employé, sans doute parce que son tronc n'atteint jamais de grandes dimensions.

EXPLICATION DES FIGURES DU *CRATOXYLON POLYANTHUM* KORTH.

PLANCHE 50

A.-B. Rameaux florifères.

C. Rameau fructifère.

D. Fruit grossi $\frac{2}{1}$.

1. Coupe longitudinale d'une fleur avant l'anthèse.

2. Fleur ouverte. On y a enlevé un sépale, deux pétales et deux phalanges d'étamines afin de montrer les glandes hypogynes opposées aux carpelles $\frac{10}{1}$.

3. Pétale $\frac{4}{1}$.

4. Ovaire ouvert $\frac{16}{1}$ contenant cinq ovules.

5. Carpelles avec glandes cucullées à la base $\frac{4}{1}$.

6. Glande vue du côté extérieur

7*a*. Ovule.

7*b*. Ovaire contenant 7 ovules.

7*c*. Ovules dans leur position sur le placenta.

8. Autre forme de pétale. $\frac{10}{1}$.

9.-10. Formes de graines $\frac{4}{2}$.

CRATOXYLON POLYANTHUM. Korth.

HYPERICACÉES

CRATOXYLON FORMOSUM

(Benth et Hook. *F. Gen. Pl.* 1. 166. — Dyer in Hook, *Fl. Brit. Ind.* 1. 258. — Kurz. *Fl. Burm.* 1. 84. — Tridemis formosa Korth. Vernh. *Nat. Gesh. Bot.* 179. 1. 37. — Elodea formosa Jack : Malayan Plants in Hook. *Journ. Bot.* 1. 374. Hypericum ægiptium Blanco ? *Fl. Filipp.* 615 fide Blume. *Mus. Bot. Lugd. Bat.* II. 18. — Hypericum cochinchineuse ? *Lour.* 1. 372).

Annam : nganh nganh do. — Kmer: longieng : long hirn

Hab. — Habite toute l'Indo-Chine, la presqu'île de Malacca, Sumatra, Bornéo, les Philippines, Java. (*Herb. Pierre*, n. 146; *Collection Bois* (n° 126).

Rameaux opposés, le plus souvent alternes par avortement d'un des deux, arrondis, pourpres dans la jeunesse. Feuilles d'une égale longueur ou de forme différente sur le même rameau. Les plus petites, situées à la base, sont ovales ou elliptiques, et souvent obovées ou arrondies aux deux extrémités. Les paires, situées plus haut, sont oblongues ou elliptiques oblongues, lancéolées et pointues au sommet, presque toujours arrondies ou obtuses à la base. Elles sont membraneuses, coriaces, brillantes en dessus, pâles en dessous, de couleur purpurine quand elles sont très jeunes ou très vieilles. Petites côtes au nombre de 14 à 20, fines, mais accentuées, arquées loin du bord et reliées par des veines réticulées, également très élevées sur les deux faces. Cymes axillaires de 1 à 5 fleurs, longuement pédicellées, naissant sur un bourgeon, le plus souvent très court. Sépales imbriqués, elliptiques, obtus, ciliés au sommet et membraneux sur les bords, dans les deux pièces intérieures; munis de nervures glanduleuses très distinctes, pourpres. Pétales plus longs que les sépales, imbriqués, linéaires oblongs, cunéiformes, obovés, membraneux, ciliés sur le bord supérieur ou laciniés, portant 12 nervures longitudinales et des ponctuations glanduleuses, munis à la base intérieure d'une squame oblongue, obovée. Étamines introrses, au nombre de 120 environ, disposées au nombre de 36 environ, par phalange, dépassant les styles ou plus courtes. Glandes hypogynes opposées aux sépales extérieurs et aux carpelles, ovales ou oblongues lancéolées, convexes en dehors, concaves en dedans, souvent triangulaires, plus ou moins allongées. Pistil formé de trois carpelles libres au sommet et à trois côtes, contenant chacun 14 ovules environ par loge. Styles arqués, terminées par une tête stymatique globuleuse ou creusée au sommet. Capsules deux fois plus longues que les sépales, acuminées, cylindriques ou portant trois légères côtes, contenant huit à quatorze graines par loge, déhiscentes par trois valves loculicides, chaque valve fendue au sommet. Graines oblongues, ailées sur un côté.

Arbre de 10 à 20 mètres. Tronc rougeâtre, épineux et raboteux. Écorce rougeâtre ou brune, épaisse de 1 à 2 millim., recouverte par une cuticule formée de plaques minces et irrégulières. Pétiole long de 5 à 8 millim. Feuilles opposées, longues de 3 à 9 centim., sur 2 à 3 cent., quand elles sont situées à la base des rameaux ; longues de 12 centim. et larges de 4 à 4 cent. 1/2, quand ils en occupent l'extrémité. Pédicelles longs de 5 à 6 millim., plus longs et plus gros à l'état fructifère, et alors recourbés. Les sépales sont longs de 5-6 millim., et larges de 3-4 millim. Les deux intérieurs sont très membraneux sur les bords. Les pétales sont longs de 11 à 14 millim. et larges, au milieu, de 3 millim. Ils sont très étroits à la base. Les 3 phalanges staminales sont longues de 10 millim. Elles sont nues à la base extérieure et du côté intérieur. Les glandes sont oblongues, convexes en dehors, concaves en dedans, lancéolées ou subtriangulaires. Elles sont hautes de 2 millim. et purpurines. Le pistil est plus court que les phalanges staminales. Les ovules sont insérés sur un placenta axillaire, et sur l'un et l'autre côté de la feuille carpellaire ; ils forment deux rangées alternes. Ils sont anatropes et ont le micropyle tourné en bas et en dehors. Le fruit est long de 15 millim., et a, au milieu, un diamètre de 6 millim. La graine est longue de 9 millim. Son aile a, vers le milieu, un diamètre de 4 millim.

Obs. — Mes échantillons correspondent bien avec ceux de la péninsule malaise *(Griffith et Maingay)*, de Java (*Horsfield*), et de Bornéo (*Mottley*), conservés au musée de Kiew. Cependant les glandes hypogynes sont moins lancéolées et moins longues dans nos échantillons de Cochinchine. Le péricarpe du fruit est aussi plus épais et plus coriace que dans les échantillons de la presqu'île de Malacca.

J'ai tout lieu de croire qu'il faut rapporter à cette espèce l'*Hypericum Cochinchinense Lour.*, *loc. cit.*, devenu le *Cratoxylon Cochinchinense* de Blume. Cependant Loureiro dit que les sépales sont aigus, que les glandes sont fendues, et que les capsules sont ovales. Le reste de sa description correspond bien au *C. formosum*. La teinture, retirée de ses fleurs qu'il décrit de couleur jaune d'or, est purpurine. Tout ce qu'il dit de son bois se rapporte au *C. formosum*.

Cet arbre est le plus grand *Cratoxylon* de la Basse-Cochinchine et probablement des pays voisins. Son tronc atteint 8 à 12 mètres d'élévation. Il a un diamètre de 20 à 30 centim. Il n'a presque pas d'aubier. Son bois est rougeâtre ou blanc-rose. Ses fibres sont très longues et très flexibles. Il est assez lourd. On l'emploie pour poteaux de case, mâts de navire, avirons, enfin, pour tous les ouvrages demandant à la fois résistance et flexibilité.

EXPLICATION DES FIGURES DU *CRATOXYLON FORMOSUM* B. et H. F.

PLANCHE 51

A. Rameau fructifère.

G. — avec jeunes fruits.

B. — florifère.

1. Fleur avant l'anthèse $\frac{6}{1}$.
2. Fleur privée de ses sépales. La corolle est enroulée $\frac{6}{1}$.
3. Pétale avant l'anthèse $\frac{6}{1}$.
4. Fleur réduite à l'androcée et au gynécée. Les glandes (*g*) sont opposées aux carpelles et aux 3 sépales extérieurs. Elles ont été, par mégarde, mal placées dans cette figure.
5. Formes de glandes (*a*) (*b*). Une autre forme plus oblongue, plus lancéolée et triangulaire, existe et n'a pas été représentée.
6. Un carpelle isolé.
7. Un jeune carpelle ouvert et contenant 14 ovules. (*b*). Ovule isolé.
8. Graine ouverte en face de l'embryon.
9. Embryon (*b*) isolé. Les cotylédons y sont plus longs que la radicule.

CRATOXYLON FORMOSUM Bth. & H.F.

HYPERICACÉES

CRATOXYLON PRUNIFOLIUM Dyer

(In Hook. *Fl. Brit. Ind.* 1. 258. Hypericum prunifolium. *Wall. Cat.* 7276 fide Dyer. — Ancistrolobus prunifolius. *Hort. bot. Calcut.* 1861. — Tridesmis pruniflora Kurz. *In Journ. asiat. soc. Beng.* 1872. pt. II. 293. — Cratoxylon pruniflorum. Kz. *Flor. Burm.* 1. 84.)

Annamite : ngan ngan. — Kmer : Lông Hien ou Longieng.

Hab. — Habite toute la Basse-Cochinchine, principalement dans les provinces de Bien-hoa (Bao Chang), de Tayninh, et dans celles de Samrong tong (Chéréev) de Pusath et de Tpong (*Herb. Pierre,* n°s 534 et 3699).

Rameaux opposés dans le jeune âge, mais dont un seul se développe, arrondis, recouverts d'un tomentum rougeâtre ou grisâtre ou brun, également présent sur le pétiole, à la face inférieure des feuilles, sur les pédoncules et à la face dorsale des sépales. Feuilles souvent oblongues, ou oblongues obovées dans le jeune âge ; elles sont, dans les rameaux florifères, linéaires oblongues, lancéolées, acuminées, obtuses ou subaiguës à la face, brunes en dessus, ferrugineuses ou cendrées en dessous, légèrement coriaces. Petites côtes au nombre de 20 à 36, arrondies et unies loin du bord. Fleurs solitaires ou disposées en cymes de 3 à 9 fleurs, situées aux axes munies ou privées de feuilles, aussi longues ou plus longues que leurs pédicelles. Sépales suboblongs ou elliptiques, obovés, charus, plus courts que les pétales, membraneux sur le bord, dans les pièces intérieures. Pétales linéaires oblongs, pédiculés, munis à la face intérieure et à la base, d'une écaille glanduleuse subaiguë ou irrégulièrement découpée ; ils sont laciniés sur le bord extérieur et membraneux ; ils portent 12 nervures ascendantes et ponctuées vers le bord et sont roses. Les étamines sont au nombre de vingt-cinq environ par phalange. Les filets libres au sommet des phalanges et d'inégale longueur sont aplatis. Les anthères sont ovales, réniformes et ont dorsalement un connectif glanduleux et pourpre. Les glandes sont opposées aux carpelles ; elles sont ovales, tronquées et chagrinées sur le bord supérieur et extérieur, concaves et lisses à la face interne. On compte 16 à 20 ovules dans chaque loge de l'ovaire. Ils sont ascendants et disposés en deux rangées alternes. La capsule plus longue que les sépales est oblongue, presque lisse ; elle est terminée par 3 petites pointes stylaires. Les graines au nombre de 16 à 20 sont oblongues, étroites à la base et ailées latéralement. L'embryon cylindrique, basilaire, a une radicule plus courte que ses cotylédons.

Arbre de 8 à 10 mètres. Tronc très épineux, rougeâtre. Ecorce tombant par plaques lamelleuses, irrégulières. Pétiole long de 2 à 7 millim. Feuilles longues de 5-14 cent., larges de 2 1/2-3 centim. ; ses petites côtes et ses nervures sont plus visibles en dessus qu'en dessous. Cymes longues de 2 centim. Pédicelles longs de 3 à 12 millim., très tomenteux. Sépales longs de 5 millim. 1/2, larges de 3 millim. Pétales longs de 8 à 9 millim. larges de 2 millim. 1/2. Les 3 phalanges d'étamines sont aussi longues ou un peu plus longues que les pétales. Les carpelles sont glabres et sont terminés chacun par un style recourbé et renflé au sommet. La capsule est longue de 10 à 13 millim. avec un diamètre de 3 millim. Les graines sont un peu recourbées latéralement et ont en hauteur 8 millim. L'aile est large de 3 millim. 1/2. La radicule est longue d'un millim. et les cotylédons sont longs de 2 millim.

Obs. — Ce petit arbre n'est pas très commun. Il aime les terrains sablonneux. Son aubier est blanchâtre et assez mince. Son cœur est blanc-jaunâtre ou légèrement rosé. Il est souvent traversé de lignes brunes. Quoique ses fibres soient assez longues, son grain est serré. Il est très noueux. C'est un excellent bois pour placage. Les Annamites et les Cambodgiens l'emploient pour piliers de case et pour palissades. Je ne pense pas que ce bois, quand il est exposé aux intempéries, ait de la durée. Kurz *(loc. cit.)* dit positivement le contraire. Cependant les indigènes m'ont assuré qu'il pouvait résister 3 à 4 ans dans l'eau, ou dans un sol humide ; aussi est-il employé pour pilotis.

Je ne conçois pas pourquoi Kurz, après avoir publié cette espèce sous le nom de *Tridesmis pruniflora,* la désigne sous le nom de *Cratoxylon pruniflorum Kurz* après que M. Dyer eût compris son *Tridesmis pruniflora* comme synonyme du *C. Prunifolia Dyer*. Est-ce pour n'avoir pas conservé sa qualification spécifique? Pourtant cette plante est cultivée dans le jardin botanique de Calcutta, depuis longtemps, sous le nom *Ancistrolobus prunifolius.*

EXPLICATION DES FIGURES DU *CRATOXYLON PRUNIFOLIUM* Dyer.

PLANCHE 52

A. Rameau florifère.

B. Rameau fructifère.

C. Fleur après l'anthèse $\frac{4}{3}$.

1. Sépale $\frac{4}{1}$.

2. Fleur au moment de l'anthèse, où on a enlevé un sépale, deux pétales et une phalange staminale $\frac{4}{1}$.

3. Pétale $\frac{4}{1}$.

4. Carpelles écartés pour montrer l'alternance des ovules et leur mode d'insertion.

5 *a*. Graine $\frac{4}{1}$.

5 *b*. Graine déchirée en face de l'embryon $\frac{8}{1}$.

Pl. 59

CRATOXYLON PRUNIFOLIUM, Dyer.

HYPERICACÉES

CRATOXYLON HARMANDII Pierre

Hab. — Habite le 17me degré latitude entre le Mékong et Hué. (Docteur *Harmand*. 1877. *Herb. Pierre*, n° 3235).

Rameaux ascendants, opposés et souvent alternes par absence de développement d'un des bourgeons, comprimés et rougeâtres dans le jeune âge, puis arrondis et bruns. Feuilles opposées, courtement pétiolées, petites, elliptiques, oblongues, cunéiformes à la base, arrondies au sommet ou terminées par une pointe très courte et obtuse ; épaisses, glanduleuses, parsemées de ponctuations noirâtres ; glauques en dessous ; noirâtres ou brunes en dessus après dessiccation. Cymes de 2 à 7 fleurs, très petites, portées par des pédicelles assez courts et situées au sommet d'un long pédoncule axillaire ou extra-axillaire. Sépales imbriqués, elliptiques, obovés, concaves, à peine plus petits et plus membraneux dans les pièces intérieures, à nervation peu prononcée et non accompagnée de glandes linéaires, ou ponctuées, bien distinctes. Pétales oblongs, obovés, étroits, et munis à la base d'une squame obovée assez courte, à bords légèrement ondulés. Étamines groupées au nombre de 16 à 28 au sommet de chacune des trois phalanges. Celles-ci sont plus longues que les pétales et les carpelles ; leur tronc est très mince et un peu élargi au sommet. Filets grêles, plus longs vers le sommet des phalanges. Anthères ovales, réniformes et introrses. Glandes hypogynes opposées aux carpelles, ovales lancéolées, concaves en dedans, gibbeuses en dehors. Carpelles beaucoup plus longs que leurs styles, contenant chacun 4 à 5 ovules imbriqués au sommet et placés sur deux rangées alternes. Styles d'abord recourbés, puis ascendants, grêles et terminés par une tête stigmatique arrondie. Fruit inconnu.

Petit arbre. Jeunes rameaux à peine épais d'un millim. Pétiole long de 3 à 4 millim. Feuilles longues de 2 cent. 1/2 à 4 cent. 1/2, larges de 14 à 28 millim., d'une coloration distincte sur les deux faces. Elles sont le plus souvent obtuses ou obovées. Les pédoncules sont très souvent extra-axillaires. Ils sont longs de 5 millim. à 13 millim. Les pédicelles n'ont que 2 à 3 millim. de longueur. Ils sont plus courts que la fleur qui, après l'anthèse, mesure 10 à 12 millim. de longueur. Les sépales ont 3 millim. sur 3 millim. 1/2. Les pétales ont 6 millim. sur 3 millim. Ils portent 10 à 12 nervures glanduleuses et sont transparents. Les 3 phalanges staminales sont longues de 8 millim. 1/2. Elles ne sont garnies d'étamines que vers le sommet et sur la surface dorsale. Les glandes hypogynes sont hautes d'un millim. 1/2. Elles sont bombées, recourbées en dehors et échancrées en dedans. Les carpelles sont trigones. Leurs ovules sont insérés sur l'un et l'autre côté, et à la jonction des bords de la feuille carpellaire.

Obs. — Cette espèce est de la section *Tridesmis*. Par les feuilles, elle se rapproche du *C. Glaucum Korth*, qui paraît ne pas différer du *C. Microphyllum Miq.*, mais elle s'en éloigne par l'organisation florale. Elle n'a jamais été trouvée en Basse-Cochinchine et son bois n'est pas connu.

EXPLICATION DES FIGURES DU *CRATOXYLON HARMANDII* PIERRE

PLANCHE 53

A. Rameau florifère.

1. Coupe longitudinale d'une jeune fleur $\frac{10}{1}$.
2. Sépale vu du côté intérieur.
3. Pétales à l'état jeune (*a*) et adulte (*b*) $\frac{8}{1}$.
4. Glandes avant l'anthèse (*a*) (*b*) et après l'anthèse (*c*).
5. Fleur après l'anthèse où les glandes, une phalange et le pistil sont seulement représentés.
5. Carpelles écartés pour montrer la position des ovules (*a*).

6*a*. Ovule isolé.

CRATOXYLON HARMANDII. Pierre.

GARCINIA MANGOSTANA

(L. sp. 635. D. C. Prod. I. 561. — Roxb. *Fl. Ind.* II. p. 618. — Ellis Monograph. tab. 1 (fide Pritzel. *Icon. Index.*) — Hook. *Bot. Margaz. tab.* 4847. — Chois. Guttif. Inde. 33. — Pl. et Trian. Mém. Guttif. p. 170. — De Lanessan. Mém. Garc. 15. descript. ex Roxb.; non G. speciosa Wall. — T. Anderson. *in Fl. Brit. Ind.* p. 260. — Kurz. *Fl. Burm.* p. 37. — Mangostana Rumph. Amboine. 1. tab. 43. — Mangostana Garcinia. Gœrt. *Fruct. tab.* 105.

Annam : maňg cut. — Kmer : mŭňg khŭt

HAB. — Espèce d'origine inconnue, mais provenant probablement de la péninsule Malaise ou des îles de la Malaisie, cultivée dans les provinces de la Basse-Cochinchine et dans un grand nombre de pays chauds. (*Herb. Pierre,* n° 3632).

Rameaux opposés, quadrangulaires, allongés, très rapprochés. Feuilles elliptiques oblongues ou oblongues, lancéolées, acuminées, terminées par une pointe assez longue et obtuse, légèrement aiguës ou obtuses à la base, coriaces. Petites côtes, au nombre de 40 à 52 presque aussi élevées sur les deux faces, parallèles, ascendantes et unies à quelque distance du bord du limbe. Deux ou trois nervures assez prononcées courent dans l'intervalle des petites côtes, mais se confondent, à leur sommet, avec les veines. Le pétiole est concave à la base et épais. Les fleurs femelles sont solitaires au sommet des rameaux. Leur pédoncule quadrangulaire, très épais, égale en longueur le pétiole. Les fleurs mâles, d'après *Roxburgh,* seraient au nombre de 3 à 9, et seraient aussi terminales. Les sépales, plus grands dans la série intérieure, sont imbriqués-décussés, orbiculaires, concaves, très charnus et persistants. Les pétales sont enroulés, orbiculaires, concaves, très épais, plus grands que les sépales et pourpres. Les étamines sont, à la base du gynécée, unisériées et au nombre de 16. Elles sont portées par des filets, soit libres, soit soudés à la base de l'ovaire et aplatis. Les anthères sont introrses, biloculaires ovales oblongues, recourbées extérieurement vers le sommet. Le pistil est oval, glabre, lisse, et recouvert dans sa partie supérieure d'un style sessile, épais, ponctué, divisé en 5-6 lobes (éch. de Cochinchine), distincts au sommet, réfléchis et sans glandes proéminentes. L'ovaire, dans les échantillons de Cochinchine, a le plus souvent 5-6 loges uni-ovulés. Les auteurs en comptent jusqu'à 8. Le fruit est globuleux, de la grosseur d'une orange, lisse, et d'un rouge plus ou moins foncé quand il est mûr. Il contient de 4 à 5 graines (éch. de Cochinchine), oblongues, ayant la forme d'un croissant ; elles sont aplaties sur les côtés, convexes, plus épaisses à la face extérieure.

Cet arbre atteint 20 à 25 mètres. Sa croissance est très lente. Ses ramifications recouvrent presque entièrement son tronc, et sont d'autant plus longues qu'elles sont situées plus en bas, ce qui donne à l'arbre une forme pyramidale. Dans les arbres êgés d'une cinquantaine d'années, le diamètre du tronc est de 25 à 30 centim. Son écorce, jaunâtre en dedans, noirâtre et comme carbonisée extérieurement, contient un suc jaune, très abondant d'ailleurs, dans toutes les parties de l'arbre. Les feuilles, de couleur purpurine dans la jeunesse, sont épaisses, coriaces, longues de 15 à 22 centim., larges de 7 à 10 centim. Elles sont plus petites dans les arbres âgés, surtout quand ceux-ci croissent sous un climat et dans un sol peu humides. Le pétiole est long de 18 à 20 millim. Il est strié transversalement et porte une gaine à la base. Ce caractère est plus ou moins accusé dans toutes les espèces de ce genre : il est moins prononcé dans la section *Discostigma*. Ses fleurs mâles n'existent pas dans les herbiers d'Europe. Roxburgh les décrit ainsi : « Fleurs mâles terminées, assez longuement pédonculées, réunies au nombre de 3-5-9, grandes, d'une couleur formée de rouge, de vert et de jaune. Bractées nombreuses situées à la base des pédoncules, arrondies, concaves, scarieuses. Le calice est formé de deux paires inégales de sépales dressés. Les pétales, au nombre de quatre, sont ovales, épais, jaunes-rougeâtres en dedans, et d'un rouge-verdâtre en dehors. Les étamines sont nombreuses. Elles sont massées sur les quatre lobes d'un réceptacle épais, autour d'une colonne stérile (rudiment de gynécée). Les filets sont courts. Les anthères sont ovales-oblongues, recourbées. Il n'y a pas de pistil, mais on trouve au centre, un corps épais, en forme de tronc de cône renversé, dépassant à peine les anthères. » Le pédoncule des fleurs hermaphrodites est renflé et articulé à la base. Il est long de 18 à 20 millim., et épais de 4 millim. 1/2. Les sépales de la série extérieure, mesurent 20 millim. en hauteur et en largeur. Ils ont les bords scarieux, sont un peu plus grands et moins concaves que ceux de la série intérieure. Les pétales ont de 25 à 30 millim. en longueur et en largeur. Ils sont très épais. Les étamines, dans les échantillons de Cochinchine, sont au nombre de 16-17 et paraissent former deux séries. Leurs filets, quelquefois soudés à la base, sont longs de 4-5 millim. Les anthères ont deux loges ordinairement bien conformées et fertiles. Le gynécée oval et lisse, est surmonté d'un style partagé en autant de sillons qu'il y a de loges à l'ovaire. Ces sillons sont plus écartés à l'extrémité, et forment dans le fruit des lobes sessiles, mais bien distincts. La surface du stigmate est recouverte de glandes très petites, peu visibles. Les loges de l'ovaire occupent vers le milieu du gynécée un espace très restreint. Elles sont très petites et très rapprochées de l'axe, comme dans le *Garcinia Malaccensis*. L'ovule, solitaire par loge, est, comme les espèces de ce genre, ascendant, incomplètement anatrope, avec le micropyle tourné en bas et en dehors. Le fruit, garni à la base par les sépales, et couronné au sommet par le style sessile, a un péricarpe très épais, spongieux, d'un rouge vineux très prononcé au moment de la maturité. Ses vaisseaux sont gorgées de gomme gutte. Il a 7 centim., en hauteur et en diamètre. Les graines ont un tégument recouvert extérieurement d'une pulpe couleur de neige, seule partie comestible du fruit. Cette pulpe est d'un goût très agréable et correspond exactement au réseau fibreux qui forme la partie intérieure du tégument. La face de celui-ci immédiatement en contact avec l'embryon est une membrane molle, formée de cellules très ténues. L'embryon est d'un jaune-verdâtre. Il n'offre, du moins avant la germination, aucune trace de cotylédons et de plumule. Il contient des vaisseaux laticifères.

OBS. — Le *Garcinia Mangostana* n'a jamais été rencontré à l'état spontané. Il est probable que la description de ses fleurs mâles donnée par Roxburgh (Fl. Ind., II, p. 620) est exacte. Cependant, elles pourraient appartenir à quelque autre espèce de la section *Mangostana,* car Roxburgh dit : « *Fleurs femelles hermaphrodites trouvées quelquefois sur le même arbre, avec les mâles, mais le plus souvent, je crois, sur un autre arbre...* » Et plus bas, il ajoute : « *Pendant ces trente-cinq dernières années, j'ai en vain essayé de faire croître et fructifier le Garcinia Mangostana sur le continent de l'Inde. La plante transportée au nord ou à l'ouest de la baie du Bengale, a toujours été maladive et ne s'élève guère au delà de 2 à 3 pieds avant de mourir.* » Comme Roxburgh n'a pas visité l'aire géographique occupée par cette espèce, sa description a dû être faite d'après des échantillons et des informations provenant d'autrui. De son temps, aucun arbre n'existait dans l'Inde. Il serait donc curieux de pouvoir observer les fleurs mâles du *G. Mangostana* qui n'existent dans aucun herbier.

La description des fleurs mâles donnée par M. de Lanessan (Mém. Garc., p. 15-20), serait faite d'après l'auteur lui-même « *sur des échantillons de l'herb. du Mus. de Paris, et sur des échantillons frais.* » Le Muséum ne possède actuellement aucun échantillon de la fleur mâle du *G. Mangostana.* Il possède, il est vrai, un échantillon de Kurz, étiqueté G. *speciosa* Wall., provenant des Andamans, et qui, pour moi, est le type d'une espèce nouvelle que j'appelle *G. Kurzii.* Il n'est pas possible de confondre le *G. speciosa* Wall avec le *G. Mangostana,* ni avec le *G. Kurzii,* car les feuilles, dans ces espèces, sont bien distinctes.

L'espèce, se rapprochant le plus du *G. Mangostana,* est le *G. Malaccensis.* Dans celle-ci, les glandes stigmatiques sont plus larges. Elle diffère encore du *G. Mangostana* par un ovaire constamment fourni de 8 loges, et par des fleurs mâles bien différentes de celles décrites par Roxburgh et M. de Lanessan : Les étamines sont sessiles sur un corps central charnu, de forme pyramidale, portant au sommet, en forme de chapeau, un court rudiment de pistil.

J'ai observé sur des arbres, provenant de semis faits sous mes yeux au jardin de Saïgon, que la floraison dans cett e espèce avait lieu après quatre et sept années de plantation. Les arbres dont je parle sont plantés dans un terrain élevé et sec. Ils avaient 6 à 8 pieds d'élévation au moment de la floraison. Aucun de ces arbres, pendant les quatre années qu'a duré l'observation, n'a produit de fleurs mâles. Le seul *Garcinia* fleurissant au jardin, en ce moment, était le *G. Loureiri*, espèce de la section *Oxycarpus*. J'ai aussi visité, pendant deux ans, et dans les mois de novembre, décembre, janvier et février, plus de 1,500 arbres de cette espèce cultivés dans les jardins indigènes situés entre Thu' duc et Thu'-dzau-mot. Je n'ai jamais, malgré les recherches les plus attentives, et malgré la promesse d'une bonne rémunération faite aux indigènes, rencontré les fleurs mâles du *G. Mangostana*. Or, tous ces arbres fructifiaient abondamment chaque année. Il faut donc admettre que la fleur du *G. Mangostana*, dite femelle, est une fleur hermaphrodite bien organisée. L'examen de jeunes fleurs femelles prouve d'ailleurs que le pollen, émis bien avant l'anthèse, est fertile dans la majeure partie des étamines qui entourent le gynécée. Le même fait a lieu dans les *G. Loureiri*, G. *Cambodgia*, G. *Shomburkgiana*, G. *Planchoni*, G. *Xanthochymus*, G. *Villersiana*, etc., et dans toutes les espèces où la fleur femelle porte à la fois un androcée et un gynécée.

On peut observer aussi que le mode de floraison, dans beaucoup d'espèces du genre *Garcinia*, change dans le même individu, avec l'âge. Dans le G. *Loureiri*, par exemple, un arbre âgé de 5 ans, donne d'abord des fleurs mâles, munies ou privées de rudiment de pistil. Pendant la seconde année, et souvent pendant la troisième, on rencontre à la fois, sur le même arbre, des fleurs, les unes mâles, les autres femelles. Plus tard, le même individu ne porte plus que des fleurs d'un seul sexe. Dans les descriptions, on ne devrait jamais dire fleurs femelles, quand celles-ci sont pourvues des organes des deux sexes, mais les considérer comme fleurs hermaphrodites. J'ai constaté aussi, dans les espèces dont la fleur femelle est entièrement privée d'androcée, dans le G. *Benthami*, par exemple, qu'elles produisaient accidentellement des fleurs, également bien organisées comme gynécée et androcée, mais dont les ovules, néanmoins, quoique bien développés, n'étaient jamais fécondés. Ces sortes de fleurs pourraient être appelées neutres. C'est un état transitoire de l'individu, avant de fixer son sexe. On peut constater ce fait dans le G. *Cornea*, qui, comme le G. *Benthami*, n'offre aucune trace d'androcée dans ses fleurs femelles. Le même fait a lieu dans le G. *Hermandii*.

Le *Garcinia Mangostana* est cultivé en Cochinchine dans les terrains bas, formés d'un humus profond, à sous-sol tourbeux. Ces terrains sont arrosés à la marée haute. Il est vrai que l'eau du fleuve est douce ou à peine saumâtre dans les localités où a lieu cette culture. La floraison commence en novembre et finit en février-mars. Elle dure toute l'année pour quelques individus. La maturité des fruits a lieu du mois de mai au mois de septembre. A Java, dans la région déjà élevée de Buitenzorg, le *Garcinia Mangostana* est cultivé dans un sol argileux, gorgé d'oxyde de fer, sec et très profond. Cet arbre atteint là d'assez grandes dimensions. Ses fruits, quoique bons, ne sont pas très gros. C'est une région relativement assez pluvieuse.

On utilise les feuilles et l'écorce du G. *Mangostana* en teinture. Elle sert à fixer les couleurs et à leur donner plus de reflet. Son bois, brun avec l'âge, est assez estimé. Il est utilisé en ébénisterie. On en fait aussi de bons avirons, car ses fibres sont longues et flexibles.

EXPLICATION DES FIGURES DU *GARCINIA MANGOSTANA* L.

PLANCHE 54

A. Rameau florifère hermaphrodite.

B. — fructifère.

1. Fleur femelle ou hermaphrodite, avant l'anthèse $\frac{3}{1}$.
2. La même, privée de ses sépales et de ses pétales $\frac{3}{1}$.
3. Un pétale anomal, avant l'anthèse. Il est bilobé sur un côté.

4*a*. Étamine de la fleur hermaphrodite vue du côté intérieur $\frac{20}{1}$.

4*b*. Coupe transversale de cette étamine,

5. Coupe transversale d'un ovaire.

6. Diagramme de la fleur femelle ou hermaphrodite.

CARCINIA MANGOSTANA L.

GUTTIFÈRES

GARCINIA BENTHAMI Pierre

Annam : Rôi. — Kmer : Dóm chhœu pru ou prùs

Hab. — Espèce très répandue dans toutes les provinces de la Basse Cochinchine et du Cambodge. (*Herb. Pierre*, n° 70).

Branches opposées, tétragones, très allongées, portant des ramifications secondaires assez courtes. Feuilles pétiolées, oblongues ou elliptiques oblongues, lancéolées, courtement acuminées et obtuses au sommet, arrondies à la base et le plus souvent subaiguës, épaisses et coriaces. Leurs petites côtes, au nombre de 40 à 50, unies tout près du bord en une ligne ascendante, sont finement dessinées sur les deux faces. Des nervures, au nombre de 1 à 3, moins longues et moins accusées courent dans l'intervalle des petites côtes. Les fleurs sont terminales au sommet d'un court bourgeon plus ou moins entouré de bractées. Elle sont solitaires dans la plante femelle. Leur nombre est de 3 à 9, avec des pédoncules plus longs, dans la plante mâle. Les sépales sont persistants, concaves, arrondis au sommet, un peu plus longs et plus larges dans la série extérieure, coriaces ou submembraneux. Les pétales plus grands et plus épais que les sépales, sont légèrement concaves, suboblongs, arrondis, plus larges vers la base, nervés, ondulés sur les bords et jaunâtres. Les étamines sont en nombre considérable. Leurs filets aplatis et courts sont insérés sur la face dorsale et quelque peu vers le sommet de la face intérieure d'un réceptable quadrilobé et charnu. Leurs anthères sont biloculaires, introrses et recourbées en dehors. Au sommet du réceptacle, entre les 4 phalanges d'étamines opposées aux sépales, se dresse un rudiment de gynécée, tout-à-fait libre, renflé à la base, légèrement tétragone, contenant un nombre variable de loges stériles ; il est terminé subitement au sommet en une large tête stigmatifère convexe, parsemée de nombreuses glandes très visibles. Le rudiment de gynécée, dans les fleurs neutres, ayant un ovaire aussi bien conformé que celui des fleurs femelles et pourvu d'ovules bien conformés, est entouré de phalanges d'étamines subopposées aux pétales, moins élevées que celles des fleurs mâles et paraissant infertiles comme l'ovaire. Dans les fleurs femelles, les étamines font complètement défaut et le gynécée a la forme d'une poire. Le style élargi et convexe au sommet en forme de tête de clou, a le pied très court et très épais. Ses bords sont réfléchis et partagés au sommet seulement, en 8 à 10 lobes, le plus souvent en 9 lobes. Toute sa surface stigmatique est couverte de glandes arrondies, formant, sur chacun des lobes, 6 à 8 rangées nettement prononcées. Son ovaire contient 8 à 10 loges, le plus souvent 9 loges entourant un axe d'un court diamètre par rapport à la partie extérieure des loges. Le fruit conserve la forme du pistil. Très large à la base, plus étroit au sommet, il est couronné par le style devenu concave au sommet et dont les bords lobés, finement dentelés, sont dressés à la manière d'une tiare. Il contient 5 à 10 graines oblongues, ayant la forme d'un croissant, comprimées sur les côtés, plus épaisses ou convexes dans la partie opposée à l'axe d'insertion.

Arbre de 20 à 25 mètres, de forme pyramidale. Tronc droit, épais de 45 à 50 centim., recouvert d'une écorce noirâtre, rugueuse extérieurement, gorgée intérieurement d'un suc blanc également présent dans toutes les parties de la plante et noircissant à la lumière. Son aubier est d'un rouge pâle, peu distinct du cœur, très dur et épais de 25 à 30 millim. Son bois est d'un rouge brun foncé ; il est très dense et ses fibres sont très longues et très flexibles. Ses rameaux secondaires sont longs de 5 à 10 centim. Le pétiole de ses feuilles, canaliculé en dessus, strié transversalement, mesure 10 à 12 millim. Ses feuilles sont longues de 7 à 13 centim. dans les arbres âgés. Elles sont, dans les jeunes arbres, longues de 16 à 18 centim. et larges de 7 à 8 centim. Les pédoncules des fleurs femelles sont longs de 6 à 7 millim. et épais de 2 à 3 millim. Ceux des fleurs mâles sont longs de 6 à 16 millim. et épais d'un millim 1/2 à 2 millim. Les sépales extérieurs ont 7 millim. en longeur et 6 millim. en largeur. Ceux de la série intérieure n'ont que 6 millim. sur 4 millim. Les pétales sont longs de 12 millim. et larges, au-dessous du milieu, de 7 millim. 1/2. Le rudiment de gynécée est long de 2 millim. 1/2, large à la base de 2 millim. et au sommet de 4 millim. Les étamines sont longues d'un millim. Le fruit mûr est haut de 40 à 45 millim. Son diamètre, vers le milieu, est de 45 à 50 millim. Ses graines recouvertes d'une pulpe blanche, peu agréable, ont en hauteur, 22 à 25 millim. Elles ont, de l'axe d'insertion à la partie extérieure ou dorsale, 15 millim. de diamètre. Elles n'ont que 7 millim. transversalement, c'est-à-dire d'une face latérale à l'autre.

Le suc des *Garcinia* est jaune ou jaune-verdâtre dans la majorité des espèces. Il est blanc dans les G. *Benthami*, G. *ferrea* et G. *Celebica*. Cette particularité aurait dû, à défaut d'autre différence, empêcher de confondre avec cette dernière espèce, les G. *fabrilis Miq.*, et G. *cornea L.* Elle est signalée par Rumphius, dont les descriptions sont généralement meilleures que les figures. Mais cet auteur (Amboine I. 134, t. 44), donne aussi au G. *Celebica* des feuilles moins longues et moins larges qu'au G. *cornea*. Il représente les fleurs, dans cette dernière espèce, fasciculées au sommet des rameaux, et dans l'autre, disposées, au nombre de 3, en grappe terminale. Il dit aussi que le fruit du G. *Celebica* a autant de loges que celui du *Mangoustan*, c'est-à-dire 5 à 6, que son stigmate n'est pas sessile et qu'il est ombiliqué au sommet. Il n'est donc pas possible d'unir, comme l'a fait M. de Lanessan (*Mém. Garcinia* 21-22), le G. *Celebica* au *G. cornea L.*

Kurz (*In Journ. As. Soc. Bengal.* XXXIX p. 64.) unit le G. *fabrilis Miq.* au G. *cornea L.* (*ex Roxb.*) Cela ne me paraît pas possible. J'ai fait figurer plus loin mes analyses des fleurs mâles de ces deux espèces. On verra qu'elles diffèrent par la forme de leur rudiment de gynécée, et que, contrairement au *G. cornea L. ex Roxb.*, accepté par tous les botanistes, comme identique au G. *cornea L.* (Rumph. Amboine. III. 56. t. 30.) les phalanges d'étamines de la plante mâle, sont, dans le G. *fabrilis*, opposées aux pétales. Elles sont également opposées aux sépales, dans le G. *Celebica*, d'après la fig. de Rumphius, du moins quant à la fleur mâle grossie et désignée par la lettre A.

La plante donc, figurée plus loin, cultivée dans le jardin de Buitenzorg (*Herb. Pierre*, n°s 4168 et 4169) sous le nom de G. *Celebica L.* où les pétales sont opposés aux phalanges staminales, représenterait le G. *fabrilis Miq.* plutôt que le G. *Celebica, L.* si mon analyse faite, d'après l'éch. type de Miquel du G. *fabrilis*, conservé à Leyde, est exacte. Il est vrai que Miquel, (*Fl. Ind. Batav. Supp.* 1, 496), dit positivement que les phalanges d'étamines sont alternes aux pétales. Dans ces éch. de Buitenzorg du G. *Celebica*, le fruit est terminé par un style allongé, couronné par un stigmate étalé, partagé en 7 lobes bien distincts et correspondant à autant de loges, mais ce stigmate, légèrement déprimé au sommet, n'est pas ombiliqué comme dans le G. *Celebica L.*

Ce que nous venons de dire du G. *Celebica L.*, nous dispense d'insister sur les différences, séparant le G. *Benthami* de cette espèce.

Le bois du G. *Benthami* est brun-rougeâtre et très estimé. Il est employé aux mêmes usages que celui du G. *ferrea* et en diffère très peu. Si l'on considère ce que dit Rumphius de celui du G. *Celebica L.* on peut établir que tous les *Garcinia* à suc blanc, ont un bois rouge-brun ou couleur miel, supérieur à celui des autres espèces de *Garcinia*. Cette observation est importante pour la culture forestière. Dans la section *Xanthochymus* le bois est blanc ou jaune blanchâtre. Dans les *Discostigma* il est jaune-rougeâtre ou tout à fait blanc. C'est la nuance, quoique plus foncée, qu'elle a dans les *Oxycarpus*, les *Comarostigma* et les *Cambodgia*. Il est jaune-brun pâle dans la section *Mangostana* et tout à fait jaune paille dans les *Hebradendron*. Les sections où il est le plus estimé, sont celles des *Kiras* et *Oxycarpus*

EXPLICATION DES FIGURES DU *G. BENTHAMI* PIERRE.

PLANCHE 55

A. Rameau florifère mâle.

B. — — à fleurs neutres, c'est-à-dire où les deux sexes sont présents sans que ni les étamines ni l'ovaire soient fertiles.

1. Coupe longitudinale d'une jeune fleur mâle [illegible].
2. Autre fleur mâle privée de ses sépales et de ses pétales $\frac{10}{1}$.
3. Fleur mâle après l'anthèse [illegible].
4. Fleur mâle après l'anthèse privée de ses sépales, de ses pétales et d'une des phalanges d'étamines [illegible].
5. Fleur neutre après l'anthèse [illegible].
6. Étamines présentées du côté intérieur (*a*) extérieur (*b*) et latéral (*c*) $\frac{20}{1}$.

7*a*. Coupe d'un rudiment de gynécée, de la fleur mâle [illegible].

7*b*. Coupe d'un ovaire de la fleur neutre [illegible].

PLANCHE 56

A. Rameau de la plante femelle.

B. — portant de jeunes fruits.

C. — — des fruits mûrs.

1. Coupe longitudinale d'une fleur femelle [illegible].
2. Extrémité de jeunes fruits *(a) (b)*.
3. Coupes transversales d'ovaire à 8 loges (*b*) et à 9 loges (*a*).
4. Coupe transversale d'un jeune fruit contenant 10 loges [illegible].
5. — — fruit mûr. [illegible].
6. Graine revêtue de son tégument (*a*) et privée de son tégument (*b*) [illegible].

E. Delpy del.

Storck & I. Hugo...

GARCINIA BENTHAMI Pierre

PL. 56.

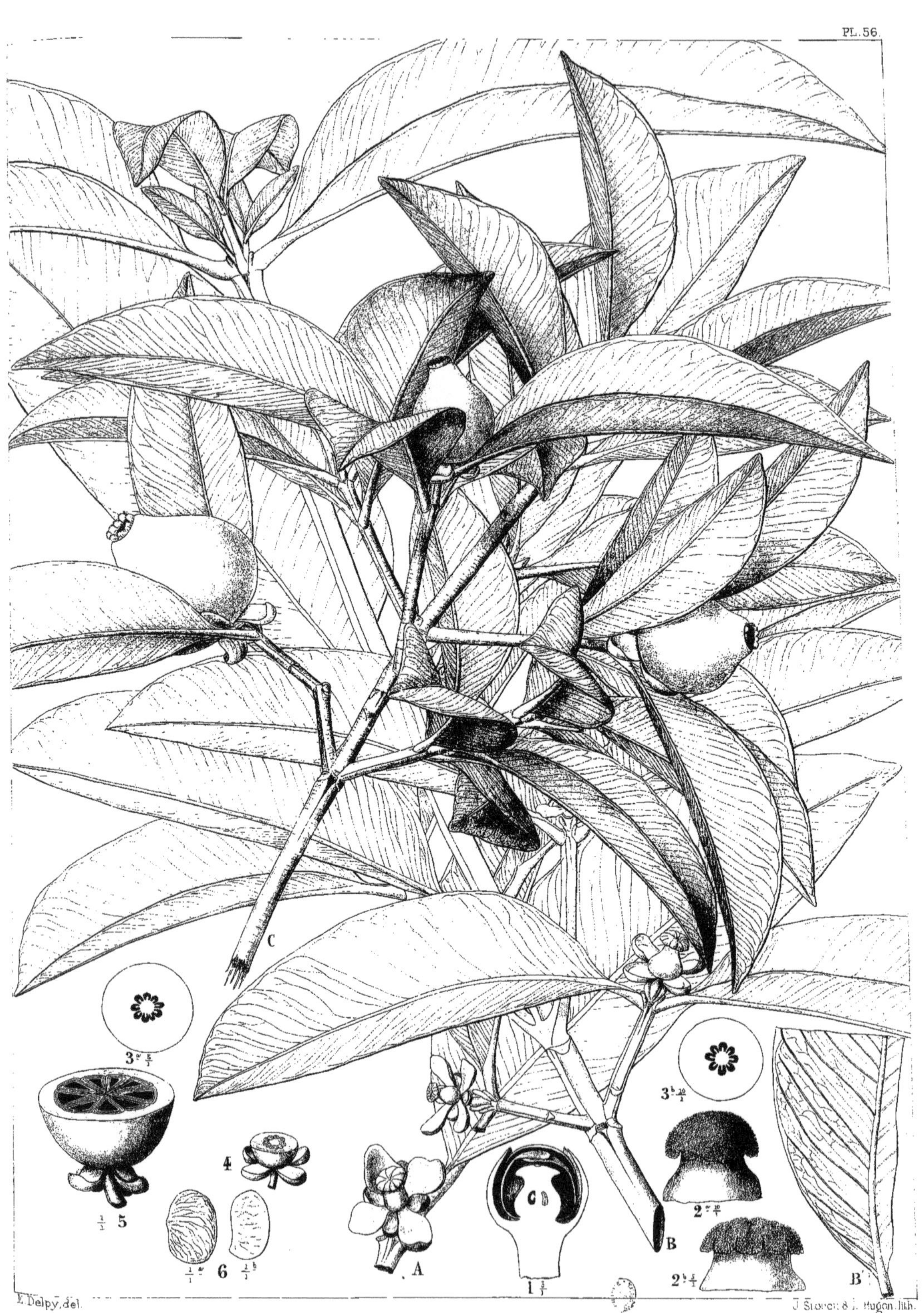

GARCINIA BENTHAMI, Pierre.

GUTTIFÈRES

GARCINIA FERREA Pierre

Annam : roi mât. — Kmer : prûs pnóm

Hab. — Espèce assez rare en plaine, commune dans les montagnes de Dinh, près de Baria, dans celles de Cam-Chày, près de Kamput et dans l'île de Phu-Quôc (*Herb. Pierre*, nos 3634, 3635 et 3695. *Collect. Bois*, nos 124 et 202).

Rameaux tétragones, opposés, courts et espacés. Feuilles elliptiques-oblongues, obtuses ou aiguës à la base, courtement acuminées et obtuses au sommet, minces, brillantes en dessus, pâles en dessous et rougeâtres après dessiccation. Petites côtes au nombre de 36 à 40, finement dessinées sur les deux faces, unies près du bord du limbe, et formant une ligne ondulée courant de la base au sommet. Elles sont séparées par deux ou trois nervures parallèles moins longues, mais très accentuées. Veines indistinctes. Fleurs mâles, groupées au nombre de 3 à 5, au sommet des rameaux, et portées par des pédoncules grêles et allongés. Fleurs femelles solitaires et terminales. Sépales plus grands dans la série extérieure, obovés, concaves, membraneux, coriaces et veineux. Pétales plus longs que les sépales, épais et très veineux. Réceptacle peu élevé et bientôt terminé en 4 phalanges staminales opposées aux sépales, libres et entourant un rudiment de pistil, aminci à la base, renflé au sommet, plane, creusé au centre, glanduleux et portant de 7 à 8 lobes peu distincts sur les bords. Étamines très nombreuses, portées par des filets courts et aplatis. Leurs anthères sont oblongues, recourbées en dehors, biloculaires et introrses. Le fruit est oval, lisse, légèrement acuminé, terminé par un style court, à peine lobé, glanduleux et légèrement concave au sommet. Il contient de 6 à 8 graines.

Arbre de 25 à 35 mètres. Tronc droit, élevé de 7 à 10 mètres, noirâtre. Écorce épaisse de 5 à 8 millim., rugueuse, noirâtre et feuilletée extérieurement, rougeâtre en dedans, sécrétant un suc blanc noircissant à la lumière. Les rameaux secondaires sont assez courts et espacés. Le pétiole, long de 5 à 10 millim., est plane ou creusé en dessus, convexe en dessous et strié transversalement. Les feuilles sont longues de 16 à 14 cent. et larges de 3 à 6 cent. $^1/_2$, de consistance parcheminée. Leurs petites côtes sont souvent moins visibles en dessous qu'en dessus, et plus fines que celles des *G. Benthami* et *G. Schefferi*. Les pédoncules partent d'un bourgeon sessile et caché entre la base des pétioles. Ils mesurent de 10 à 14 millim., et ont un diamètre vers le milieu d'un millim. Les fleurs sont plus petites que celles des *Garcinia Benthami* et *G. Schefferi*. Les sépales extérieurs sont longs et larges de 6 millim. $^1/_2$. Les sépales intérieurs sont longs de 6 millim. et larges de 4 millim. Les pétales ont 9 millim. de longeur et 6 millim. de largeur. Le réceptacle porte 4 phalanges distinctes, garnies sur les côtés et sur la face extérieure d'un grand nombre d'étamines. Ces phalanges égalent en longueur un rudiment de gynécée central, long de 2 millim. Ce rudiment de gynécée très épaissi au sommet, offre 4 facettes dans le bouton, et après l'anthèse se montre lobé sur ses bords. Il est couvert de glandes arrondies, très grosses. Le fruit est porté par un pédoncule long de 5 à 8 millim. Il contient de 5 à 7 graines, et mesure 4 centim. 1/2 en hauteur sur 3 centim. en diamètre.

Obs. — Cette espèce diffère du *G. Benthami* par des feuilles plus petites, moins épaisses et pourvues de côtes moins robustes ; par des fleurs plus petites ; par la forme de son rudiment de gynécée ; par son fruit ne contenant que huit loges et par son style presque sessile et non profondément lobé. Du *Garcinia Schefferi* elle diffère par un réceptacle moins élevé, par le rudiment de gynécée, par le fruit et un style concave au sommet. Elle est plus voisine du *G. Benthami* que du *G. Schefferi*. Cependant ces trois espèces méritent d'être observées à l'état de culture. Elles ont de très grands rapports avec les *G. speciosa*, *G. Hombronana*, *G. Celebica* et *G. fabrilis*.

Le *G. ferrea* est un arbre atteignant de plus grandes proportions que les *G. Benthami* et *G. Schefferi*. Son bois, très dense, assez lourd, composé de fibres très longues, est rouge brun. Il se conserve bien et est employé généralement par les indigènes, dans les ouvrages exigeant de la flexibilité, comme brancards, jougs, avirons. On s'en sert aussi comme madriers, pièces de charpente, balanciers, arcs, colonnes de maison. Ce bois convient aussi pour l'ébénisterie et pour l'incrustation.

EXPLICATION DE LA FIGURE DU *GARCINIA FERREA* PIERRE

PLANCHE 57

A. Rameau florifère mâle avec étude d'une section de feuille (Éch., n° 3635).

Rameau fructifère. (Éch. provenant de l'île Phu-Quoc). Les fruits n'y sont pas arrivés à maturité.

1. Fleur, en bouton, privée de ses sépales et de ses pétales ou réduite à l'androcée et au rudiment de gynécée central .

2. Coupe longitudinale d'un bouton de fleur mâle plus âgé que le n° 1 $\frac{10}{1}$.

3*a*. 3*b*. Androcée et rudiment de gynécée d'une fleur après l'anthèse.

4. Étamines présentées du côté intérieur (*a*), latéral (*c*), et extérieur (*b*). $\frac{20}{1}$.

5. Extrémité de fruit montrant le style sessile, à peine lobé, concave et glanduleux $\frac{3}{1}$.

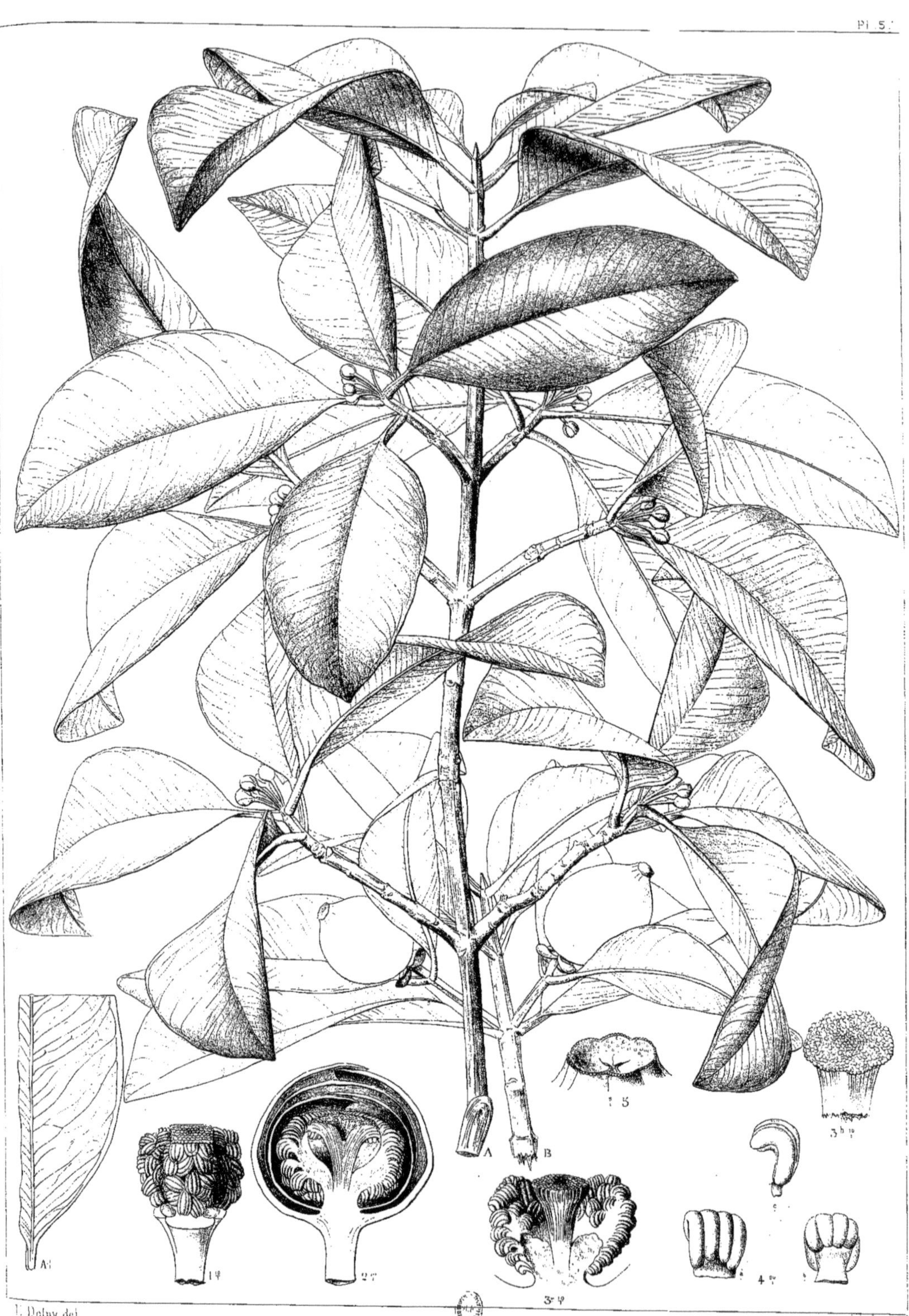

L. Delpy. del. J. Storck & L. Hugon Lith.

GARCINIA FERREA. Pierre.

GUTTIFÈRES

GARCINIA BASSACENSIS Pierre

Hab.— Espèce habitant la région de Bassac, dans le Laos inférieur, vers le 14ᵉ degré lat. n. *(Coll. Harmand.*, n° 1074.— *Herb. Pierre*, n° 3637.)

Jeunes rameaux tétragones, peu espacés et assez courts. Feuilles ovales, suboblongues ou elliptiques, obtuses à la base, courtement acuminées et souvent arrondies, épaisses, coriaces, luisantes en dessus, légèrement pâles en dessous. Petites côtes au nombre de 36 à 40, séparées par des nervures également élevées, parallèles, et n'atteignant pas le bord du limbe. Veines à peine distinctes. Fleurs mâles, au nombre de 6 à 9, terminales et longuement pédonculées Sépales ovales ou orbiculaires, obtuses, concaves, à peine membraneux, très veineux, plus petits dans la deuxième série. Pétales suboblongs, obtus, fortement nervés, plus grands que les sépales, opposés aux phalanges staminales. Réceptacle peu élevé, divisé près de la base, en quatre phalanges distinctes garnies d'étamines, nombreuses sur les deux faces et presque sessiles. Les anthèses sont oblongues, biloculaires et recourbées. Le rudiment de gynécée central, plus court que les phalanges staminales, est porté par un pédicule tétragone assez mince Il se termine par un plateau quadrangulaire, frangé sur les bords et manifestement glanduleux.

Jeunes rameaux longs de 11 centim. à 15 centim. Pétiole long de 15 millim. recouvert en partie par le limbe, creusé en dessus, caréné et strié en dessous. Feuilles longues de 8 à 12 cent., larges de 5 à 7 centim., fortement nervées sur les deux faces et d'un jaune pâle après dessiccation. Pédoncules longs de 13 millim. et épais d'un millim. 1/2. Boutons longs de 8 millim. et épais de 7 à 8 millim. Sépales extérieurs longs de 10 millim. et larges de 9 millim. Sépales intérieurs longs de 8 millim. 1/2 et larges de 6 millim. Pétales longs de 11 millim. 1/2 et larges de 7 millim., rétrécis vers la base, épais sur la côte, membraneux, très veineux, déjà plus longs que les sépales avant l'anthèse. Le rudiment de gynécée est long d'un millim. 1/2. Il est souvent très grêle et recourbé. La tête stigmatique est toujours charnue ; les bords en sont réfléchis, frangés, caractère qui ne se constate pas dans les *G. ferra*, *G. Schefferi* et *G. Benthami*. Les fleurs femelles et le fruit sont inconnus.

Obs. — Les fleurs mâles du *G. ferrea* ont de grands rapports avec le *G. speciosa*. Wall. *Pl. Asiat. Rar.* t. 258. Ainsi leurs phalanges staminales sont libres jusqu'à la base et opposées aux pétales. Leur rudiment de gynécée est libre et tétragone. Il est vrai que Wallich dit que celui du *G. speciosa* est convexe. On reconnaîtra le *G. ferrea* par ses feuilles moins oblongues et lancéolées, ses fleurs plus petites et la forme de ses pétales. Son suc paraît être blanc comme celui du *G. Benthami*. Wallich dit positivement que celui du *G. speciosa* est jaune. Je regrette de n'avoir pu analyser la fleur du *G. speciosa*, espèce mal représentée dans les herbiers. L'échantillon de Kurz provenant des *Andamans* étiqueté *G. speciosa* au Muséum de Paris, décrit par lui sous ce nom (*Fl. Burm.* 1. p. 92) et déterminé *G. Mangostana* par M. de Lanessan, est pour moi une espèce distincte, décrite plus loin, sous le nom de *G. Kurzii*.

Je n'ai aucune donnée sur la végétation de cet arbre, sur son bois et ses propriétés.

EXPLICATION DE LA FIGURE DU *GARCINIA BASSACENSIS* PIERRE

PLANCHE 58

A. Rameau florifère mâle et portions de feuilles vues sur les deux faces.

1. Fleur mâle privée de ses sépales et d'une partie de ses pétales, montrant les phalanges staminales et le rudiment de gynécée, avant l'anthèse $\frac{10}{1}$.
2. Rudiment de gynécée, de grandeur et de forme très variables dans les fleurs du même rameau $\frac{10}{1}$.
3. Coupe longitudinale d'un jeune bouton $\frac{10}{1}$.
4. Une partie de l'androcée, avec le rudiment de gynécée central, après l'anthèse $\frac{10}{1}$.
5. Etamine vue du côté intérieur *a*, et extérieur *b*.

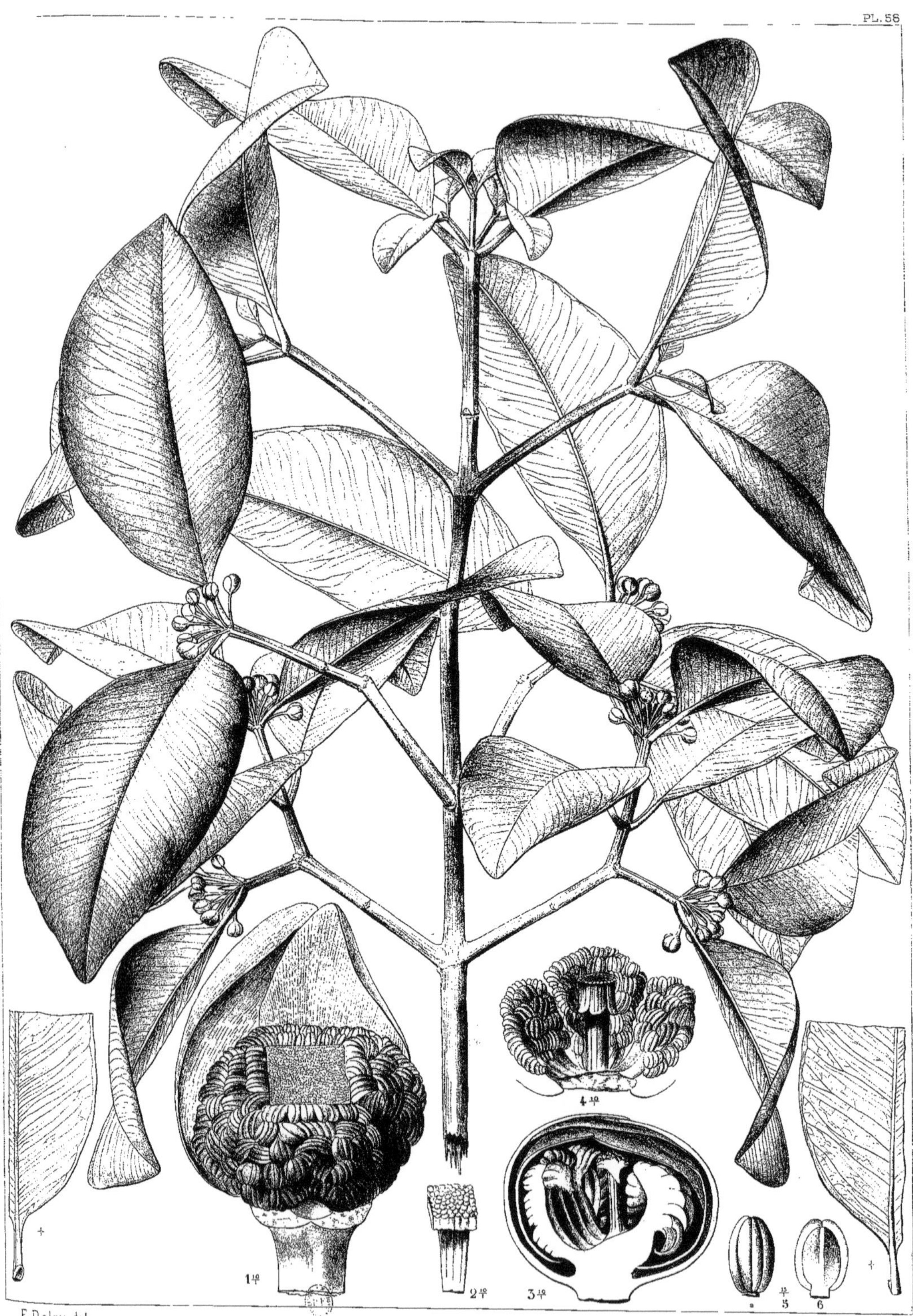

E. Delpy, del.

J. Storck & L. Hugon, Lith.

GARCINIA BASSACENSIS. Pierre.

GUTTIFÈRES

GARCINIA SCHEFFERI Pierre

Ann : roi

Hab. — Espèce commune dans les terrains sablonneux des provinces de Baria et du Binh-Tuán ; des îles de Phu-Quöc et de Condor. *(Herb. Pierre* n° 2029 et 4012. — *Harmand.* et *de Lanessan.)*

Rameaux secondaires, tétragones et assez courts. Feuilles longuement pétiolées, oblongues ou elliptiques, cunéiformes ou aiguës à la base, arrondies au sommet ou courtement acuminées, épaisses et coriaces. Leurs petites côtes, au nombre de 28 à 30, plus distinctes en dessous qu'en dessus, sont séparées par des nervures intermédiaires parallèles et n'atteignant pas le bord du limbe. Leurs veines, souvent invisibles en dessus, sont très peu distinctes en dessous. Les fleurs sont terminales. Dans les mâles, les pédoncules sont au nombre de 3 à 7 ; dans les femelles, ils sont solitaires, plus courts et moins longs. Les sépales extérieurs, dans les fleurs mâles, sont sensiblement moins longs que les sépales intérieurs. Dans les fleurs femelles, ils sont plus grands que dans les fleurs mâles, plus larges et à peu près d'égale dimension dans les deux séries. Les pétales étroits à la base, larges vers le sommet, sont obovés, membraneux, nervés, et plus grands que les sépales. Les étamines manquent à la base du gynécée des fleurs femelles. Elles sont, dans la plante mâle, très nombreuses, occupent les côtés et la face dorsale de 4 phalanges libres, obovées, opposées aux sépales et plus longues que le rudiment de gynécée central. Elles sont portées par de courts filets aplatis. Leurs anthères oblongues sont recourbées en dehors et ont deux loges, en partie introrses. Le rudiment de gynécée, s'élève en une colonne subquadrangulaire ; il s'élargit au sommet en forme de pelte tétragone ; il est refléchi sur les bords, irrégulièrement lobé et de nature glanduleuse. La fleur femelle a un gynécée cylindrique ou suboblong, subitement aminci en un style épais très court, très élargi, aplati au sommet et partagé en 8 lobes, distincts seulement sur les bords. Son ovaire contient 8 loges. La baie est ovale et lisse. Elle contient le plus souvent deux graines ; elle est couronnée par un style sessile, aplati, finement lobé ou denté sur les bords. Les graines sont oblongues, presque cylindriques ou faiblement comprimées sur les côtés.

Arbre de 10 à 15 mètres. Tronc épais de 10 à 15 centim., recouvert d'une écorce peu épaisse, rugueuse et noirâtre en dehors ; gorgée d'un suc jaune, noircissant à la lumière. Ses feuilles ont un pétiole long de 10 à 20 millim., et épais de 2 millim. Elles sont longues de 7 cent. 1/2 à 13 centim. et larges de 3 à 6 centim. Leurs petites côtes sont espacées de 4 à 8 millim. Les pédoncules des fleurs mâles (échantillon de Pulo Condor) sont de 10 millim. Les sépales extérieurs ont 6 à 7 millim. de longueur, dans les jeunes fleurs, et 4 à 5 millim. de largeur. Ils ont 10 millim. de longueur sur 8 millim. de largeur dans la deuxième série. Dans les fleurs femelles (échantillon jeune fruit de Phu-Quoc), les sépales extérieurs ont de 8 à 10 millim., en longueur et en largeur et ceux de la série intérieure ont de 11 à 12 millim. Les pétales sont très minces et très nervés (échantillon de Pulo-Condor); ils ont de 14 à 15 millim. de longueur sur 8 à 10 millim. de largeur. Le gynécée (éch. Phu-Quoc) est haut de 10 millim. et large de 7 à 8 millim. Son style très court a, au sommet, dans la partie étalée, un diamètre de 10 millim. La baie (échant. de Pulo-Condor) est haute de 3 millim 1/2 avec un diamètre de 3 millim. Les graines sont longues de 12 à 13 millim. et épaisses de 6 à 7 millim.

Obs. — Le *Garcinia Schefferi* est très voisin des *Garcinia Benthami* et du *G. Hombronana*, espèces appartenant à la section *Mangostana*. Il diffère du *G. Benthami* par des feuilles plus aiguës à la base, plus obtuses au sommet, par ses pétales très larges au sommet, par un rudiment de gynécée non pourvu de loges ovariennes, par son style étalé et plane au sommet, par son fruit ovale et non pyriforme, par un stigmate presque sessile dans le jeune fruit non concave et non relevé sur les bords comme dans le *G. Benthami*.

On le distingue du *G. Hombronana* par des feuilles beaucoup plus aiguës à la base et plus obtuses au sommet, par une inflorescence mâle non axillaire, par la forme du rudiment de gynécée, plane au sommet dans le *G. Hombronana*, par son fruit ovoïde et non globuleux terminé par un style plus court et moins distinctement lobé.

EXPLICATION DE LA FIGURE DU *G. SHEFFERI* Pierre

PLANCHE 59

A. Rameau florifère mâle (Échantillon de Pulo-Condor).

B. Rameau florifère femelle (Échantillon de l'ile Phu-Quoc).

C. Rameau fructifère (Échantillon de Pulo-Condor).

1. Coupe d'une jeune fleur mâle (Échantillon de Pulo-Condor) $\frac{10}{1}$.
2. Fleur mâle ouverte. Une des phalanges a été enlevée afin de faire voir le rudiment de gynécée central $\frac{5}{1}$. (Éch. de Pulo-Condor).
3. Fleur femelle (Échantillon de Phu-Quoc) $\frac{5}{1}$.
4. Coupe transversale de la fig. 3.
5. Surface d'un style tel qu'il est dans le fruit. $\frac{3}{1}$ (Échantillon de Pulo-Condor).

GARCINIA SCHEFFERI. Pierre.

GUTTIFÈRES

GARCINIA HARMANDII Pierre

Annam : bùa mói — Kmer : kràm rémia ou rémir

Hab. — Espèce commune dans les provinces de Bien-hoa et de Tayninh, plus fréquente dans celles de Babâur, Samrongtong, Sruöi, Tran au Cambodge (*Herb. Pierre*, nos 502, 776 et 1371 — Dr. *Harmand*. n° 349).

Rameaux décussés, très rapprochés et très courts, presque ronds avec l'âge et terminés par une pointe aiguë. Feuilles oblongues, obovées ou courtement lancéolées, souvent très aiguës au sommet, cunéiformes à la base, entières, coriaces, munies de 26 petites côtes environ, ramifiées avant d'atteindre le bord du limbe et très accentuées à la face inférieure. Fleurs presque sessiles, solitaires dans la plante femelle ; au nombre de 3 à 6 dans la plante mâle. Bractées au nombre de deux, opposées, ovales, concaves, coriaces, trois fois plus petites que les sépales et insérées à la base d'un pédoncule long d'un demi-millim. à un millim. Sépales au nombre de 4 à 5, à peu près d'égale dimension dans les deux séries, orbiculaires ou obovés, coriaces, prenant un léger accroissement sous le fruit et verdâtres. Pétales alternes avec les sépales, imbriqués, oblongs, arrondis, légèrement concaves, épais, veineux et jaunâtres. Étamines, en nombre variable, insérées sur l'une et l'autre face de phalanges opposées aux pétales, libres ou à peine soudées à leur base au réceptacle. Filets épais et courts. Anthères réniformes à 2 loges oblongues, légèrement recourbées au sommet, introrses ou en partie extrorses. Rudiment de gynécée des fleurs mâles, à peine plus long que les phalanges, porté par une colonne striée et terminée par un stygmate semisphérique, très épais, glanduleux et de couleur purpurine. Gynécée presque sessile, privé le plus souvent de staminodes à sa base. Stygmate sphérique, pourpre, et, dans les jeunes fleurs, recouvrant presque entièrement l'ovaire. Celui-ci étroit, ou légèrement cunéiforme, contient deux à trois loges uniovulées. Fruit rond, pourpre, contenant une à deux graines convexes extérieurement et légèrement aplaties du côté du hile.

Petit arbre de 6 à 10 mètres, très ramifié tout près du sol. Écorce jaunâtre, épaisse d'un 1/2 millim. et contenant très peu de gomme-gutte. Pétiole long de 3 à 5 millim. recouvert jusque près de la base, par le limbe aminci et décurrent. Feuilles longues de 4 à 10 cent. large d'un cent 1/2 à 3 centim., très coriaces, souvent obovées, affectant dans les terrains profonds et humides une forme lancéolée et terminées par une pointe très rigide. Les sépales à peu près égaux dans les deux séries mesurent 4 millim. en largeur et en hauteur. Les pétales ont 8 millim. 1/2 sur 4 millim. Ils sont dans les fleurs mâles légèrement soudés avec le réceptacle et un peu étroits à la base. Les étamines, très petites, sont construites comme celles de la section *Mangostana*. L'ovaire est le plus souvent à trois loges. L'ovule inséré vers la base de la loge est ascendant, incomplètement anatrope. Son micropyle très proéminent est tourné en dedans et en bas. Le fruit mûr, légèrement déprimé entre les graines, est couronné par le stygmate. Il mesure de 10 millim. à 20 millim. en largeur et 12 à 15 millim. en hauteur. Son sarcocarpe est sucré et d'un goût agréable et ne contient presque pas de gomme-gutte. La pulpe qui entoure le tégument de la graine est aussi d'un goût très agréable. L'embryon gros, épais, verdâtre, ne diffère en rien de celui des espèces du genre Garcinia.

Obs. — Le *Garcinia Harmandii* doit être rangé dans la section *Mangostana* près des espèces dont les fleurs femelles sont souvent privées de staminodes. Par ses phalanges staminales, presque entièrement libres, par son ovaire souvent réduit à deux loges et par la forme de ses graines il se rapproche des espèces de la section *Discostigma*.

Cette espèce croit, de préférence, dans les lieux arides et sablonneux. Ses feuilles, terminées par une pointe très rude, ses rameaux très pressés, souvent dénudés et pointus, la feront rechercher comme plante de haie. Les qualités de son fruit méritent aussi l'attention des horticulteurs.

Son bois est jaunâtre, flexible, assez dur. Il peut être employé à de menus ouvrages.

EXPLICATION DES FIGURES DU *GARCINIA HARMANDII* PIERRE.

PLANCHE 60

A. Rameau de la plante mâle.

B. — — femelle.

B. Face intérieure d'une section de feuille $\frac{2}{1}$.

1. Fleur vue du côté du pédoncule.
2. Coupe longitudinale d'une fleur ♀ $\frac{1}{10}$.
3. Fleur ♀ privée de ses sépales et pétales montrant un jeune pistil avec des staminodes à sa base $\frac{1}{10}$.
4. Diagramme de la fleur ♀.
5. Coupe longitudinale d'une fleur ♂.
6. Forme des étamines $\frac{10}{1}$.
7. Fleur ♂ après l'anthèse, où sépales et pétales ont été coupés, afin de montrer l'androcée.
8. Graine grossie $\frac{10}{1}$. Elle est entourée de son tégument dont on voit le réseau fibreux extérieur recouvert, à l'état frais d'une pulpe sucrée et blanche.

GARCINIA HARMANDII. Pierre.

GUTTIFÈRES

GARCINIA PLANCHONI Pierre

Hab. — Cette espèce n'a été, jusqu'à ce jour, rencontrée que dans la région du fleuve Dougnai et près de ses affluents *(Herb. Pierre,* n° 1313).

Jeunes rameaux très gros, à peine tétragones, écartés. Feuilles très grandes, oblongues ou elliptiques oblongues ou le plus souvent obovées oblongues, terminées par une courte pointe ou quelquefois arrondies ou émarginées au sommet, aiguës à la base et décurrentes sur le pétiole, épaisses mais coriaces, munies de 18 à 20 petites côtes ascendantes, arrondies et confluentes vers le bord du limbe, plus élevées en dessous qu'à la face supérieure et réunies par des veines transversales, ondulées et subparallèles comme dans le *G. paniculata, Roxb.* Fleurs femelles seules connues, disposées au nombre de 3-7-11, en grappes axillaires ou terminales composées de cymes bipares. Pédoncules persistants, très gros, tétragones. Les sépales sont très épais, orbiculaires, à peine membraneux sur les bords et plus grands dans la 2me série. Pétales plus longs que les sépales, oblongs, larges, concaves et épais à la base ; linguiformes, plus étroits et réfléchis dans la moitié supérieure, arrondis au sommet. Étamines au nombre de 12 à 24, d'inégale longueur, formant à la base du gynécée un anneau assez élevé et membraneux, partagé en 4 phalanges distinctes en face des sépales, contenant, chacune 2 à 6 anthères à filets courts et aplatis et à loges oblongues, introrses et biloculaires. Le gynécée est sessile ; son ovaire possède 8 loges ; il est sphérique, lisse et surmonté d'un style court, épais, divisé en 8 lobes stigmatiques réfléchis, granduleux seulement à leur base. Le fruit aussi gros que celui du *G. Mangostana,* est sphérique, sillonné et verruqueux. Il contient 8 loges et 8 graines peu aplaties sur les côtés. Le sarcocarpe est très épais et comestible. La matière pulpeuse qui recouvre le tégument est d'un goût peu agréable.

Arbre de 15 à 20 mètres. Son tronc a un diamètre de 40 à 50 centim. Son écorce assez épaisse contient une gomme-gutte jaunâtre. Les feuilles opposées sont portées par un pétiole canaliculé, long d'un cent. 1/2 à 3 cent., le plus souvent, long de 2 cent. Elles ont, avec le pétiole, une longueur de 18 à 24 cent. sur 8 à 10 cent. de largeur. L'inflorescence femelle mesure 3 à 6 cent. Les pédoncules ont de 9 à 11 mill. d'épaisseur. Les sépales extérieurs ont 5 millim. sur 6 millim. de largeur et les intérieurs 6 millim. de longueur sur 5 millim. de largeur. Les pétales ont 7 millim. de longueur sur 4 millim. de largeur à la base et 2 millim. 1/2 de largeur dans la moitié supérieure. Le nombre des étamines varie de 2 à 6 dans chaque phalange. Celles qui correspondent aux sépales extérieurs en ont davantage et rarement moins de 6. Elles ont la même hauteur que le stigmate dans le jeune bouton. L'ovaire, d'abord lisse, ne tarde pas à être sillonné et verruqueux. Ses loges sont petites et insérées très près de l'axe. Les ovules sont solitaires et ascendants. Le stigmate cesse de grandir après la fécondation. Ses divisions sont très peu profondes et à peine sillonnées vers la base. La floraison a lieu presque toute l'année et on rencontre en même temps des fleurs et des fruits de tout âge sur le même arbre. Le fruit est d'un vert-jaunâtre au moment de la maturité. C'est la couleur aussi du sarcocarpe, dont l'épaisseur est de 2 cent. 1/2. Son goût acidulé et agréable donne à ce fruit une certaine valeur. Il est coupé par tranches, qu'on fait sécher au soleil et qu'on conserve très longtemps dans du sel ou sans sel. La pulpe renferme souvent de la gomme-gutte. Ce fruit a 7 à 8 cent. en hauteur et en diamètre.

Obs. — Cet arbre mérite d'être cultivé. Son bois est rougeâtre et formé de fibres longues et flexibles. Il doit servir aux mêmes usages que celui des autres *Garcinia.* L'écorce est utilisée en teinture par les Moïs-Kmers.

Cette espèce est voisine du *G. pedunculata Roxb.* par les dimensions de l'arbre, la forme des feuilles, l'organisation des fleurs femelles et par le fruit, dont la seule partie réellement comestible est le sarcocarpe. On les distinguera par l'inflorescence femelle réduite à une fleur, par la longueur du pédoncule, par la forme des pétales orbiculaires et dentelées sur les bords *(Wight Ic. t.* 114-118), par le stigmate profondément sillonné jusqu'à la base, par le nombre des loges de l'ovaire s'élevant jusqu'à 12, enfin par un fruit non sillonné et lisse dans le G. pedunculata. Roxburgh décrit les fleurs mâles du G. pedunculata avec 4 courtes phalanges entourant un rudiment de gynécée central. Nous rapprochons néanmoins dans la même section ces deux espèces, malgré les différences que nous venons d'indiquer et quoique la fleur mâle du *G. Planchoni* soit encore inconnue. J'appelle cette section Acrostigma, voulant indiquer le peu de netteté des sillons vers le commencement des lobes et le caractère punctiforme, peu apparent, souvent effacé des glandes superficielles du stigmate.

Malgré des recherches plusieurs fois répétées, je n'ai jamais pu rencontrer la plante mâle du *G. Planchoni.* Par le semis, on arriverait peut-être à la connaître, quoique nos expériences, faites à ce sujet, sur le *G. Mangostana* n'aient donné aucun résultat heureux. L'inspection attentive des anthères de la fleur femelle prouve que, dans ces deux espèces, elles sont parfaitement fertiles.

EXPLICATION DES FIGURES DU *GARCINIA PLANCHONI* Pierre.

PLANCHE 61

A. Rameau de la plante femelle $\frac{1}{1}$.

B. — fructifère $\frac{1}{1}$.

A. Face inférieure d'une feuille $\frac{1}{1}$.

1. Coupe longitudinale d'une fleur femelle $\frac{5}{1}$.
2. Fleur femelle où l'on n'a conservé que l'androcée et le gynécé.
3. Coupe longitudinale d'une fleur femelle où le gynécée a été enlevé pour faire voir la disposition de l'androcée.
4. Gynécée.
5. Diagramme.

GARCINIA PLANCHONII. Pierre.

I

GARCINIA THORELII

HAB. — Espèce habitant le Laos, près de Paklai, vers le 19e degré lat. Nord et le 100e degré longitude *(Coll. Thorel. Herb. Pierre*, n. 3365.)

Jeunes rameaux opposés, tétragones, bientôt arrondis. Feuilles oblongues, lancéolées, terminées par une pointe obtuse, arrondies et un peu aiguës à la base ou décurrentes sur un pétiole assez long et caniculé, brillantes en dessus et pâles en dessous, épaisses et coriaces, munies de 16 à 22 petites côtes ascendantes, courant presque jusqu'au bord du limbe, plus accentuées en dessous qu'en-dessus et reliées par des veines transversales, quelquefois parallèles, le plus souvent irrégulières. Fleurs mâles disposées en grappe ramifiée, composée de cymes bipares. Leurs pédicelles sont aussi gros que courts. Les fleurs femelles sont inconnues. Sépales d'égale grandeur, mais un peu moins épais dans la 2me série, orbiculaires, concaves, coriaces, légèrement membraneux sur les bords, plus petits sur les pétales. Ceux-ci sont orbiculaires, minces ou presque membraneux, concaves et nervés. Les étamines forment trois à quatre séries au sommet d'un réceptacle assez court et nu à la base. Elles entourent le rudiment de gynécée et sont en partie recouvertes par lui. Leurs filets sont gros et courts; leurs anthères extrorses, sont conformes à celles de la section *Discostigma*. Leurs loges globuleuses sont écartées et s'ouvrent au sommet par une courte fente. Le rudiment de gynécée est charnu, convexe, quadrangulaire sur les côtés et formé de glandes arrondies, mousses ou peu élevées.

Les jeunes rameaux sont longs de 10 à 20 centim.; ils sont opposés et sans divisions secondaires. Les feuilles, en comprenant un pétiole long de 10 à 12 millim., mesurent en longueur 17 centim., et en largeur 5-6 centim. L'inflorescence est longue de 15 à 20 millim. Elle porte trois divisions assez longues, chacune également partagée en ramifications secondaires plus courtes, portant 5-7 fleurs courtement pédicellées. Les pédicelles ont en longueur et en épaisseur 2 millim. Les pétales ont 5 millim. 1/2 en longueur et en largeur. On compte 50 à 60 étamines autour du rudiment de gynécée central. On a représenté (fig. 2) la surface du stigmate comme partagée en deux sillons décussés. C'est une erreur du lithographe. Ces sillons ne sont à la vérité qu'une légère dépression du sommet du stigmate. Le réceptacle est long d'un millimètre.

OBS. — Par son inflorescence et la forme de ses anthères, cette espèce se rapproche de la section *Dicostigma*. Mais elle s'en éloigne par des pétales plus longs que les sépales de la 2me série et par des étamines non distribuées en 4 phalanges. Elle offre, quant aux sépales d'égale grandeur dans les deux séries, quant au réceptacle et au groupement des étamines autour du rudiment de gynécée central, une étroite affinité avec les *G. nitida* et *G. Trianii* et même avec les *G. Baillonii*, *G. Maingayi* et *G. Mannii*. Cependant, dans ces espèces, les anthères ont leurs loges rapprochées et conformes plus ou moins à celles des sections *Brindonia* et *Cambodgia*. En ne considérant que ses fleurs mâles, le G. *Thorelii* devra donc prendre place dans une section spéciale que j'appelle *Dicranthera* caractérisée par la soudure des filets staminaux au réceptacle et par la forme des anthères. Ainsi cette espèce tient à la fois des *Cambodgia*, *Brindonia* et *Discostigma*, ce qui prouve que l'ancien genre *Discostigma*, aujourd'hui fondu dans le genre *Garcinia*, ne peut même être considéré comme un sous-genre.

EXPLICATION DES FIGURES DU *GARCINIA THORELII* Pierre

PLANCHE 62

A. Rameau de la plante mâle.

B. Section d'une feuille vue du côté de la face inférieure $\frac{4}{1}$.

1. Section de l'inflorescence $\frac{7}{1}$.
2. Fleur mâle après l'anthèse $\frac{10}{1}$.
3. Étamines *a*, *b*, *c*, $\frac{20}{1}$.
4. Coupe longitudinale d'une fleur mâle $\frac{10}{1}$.

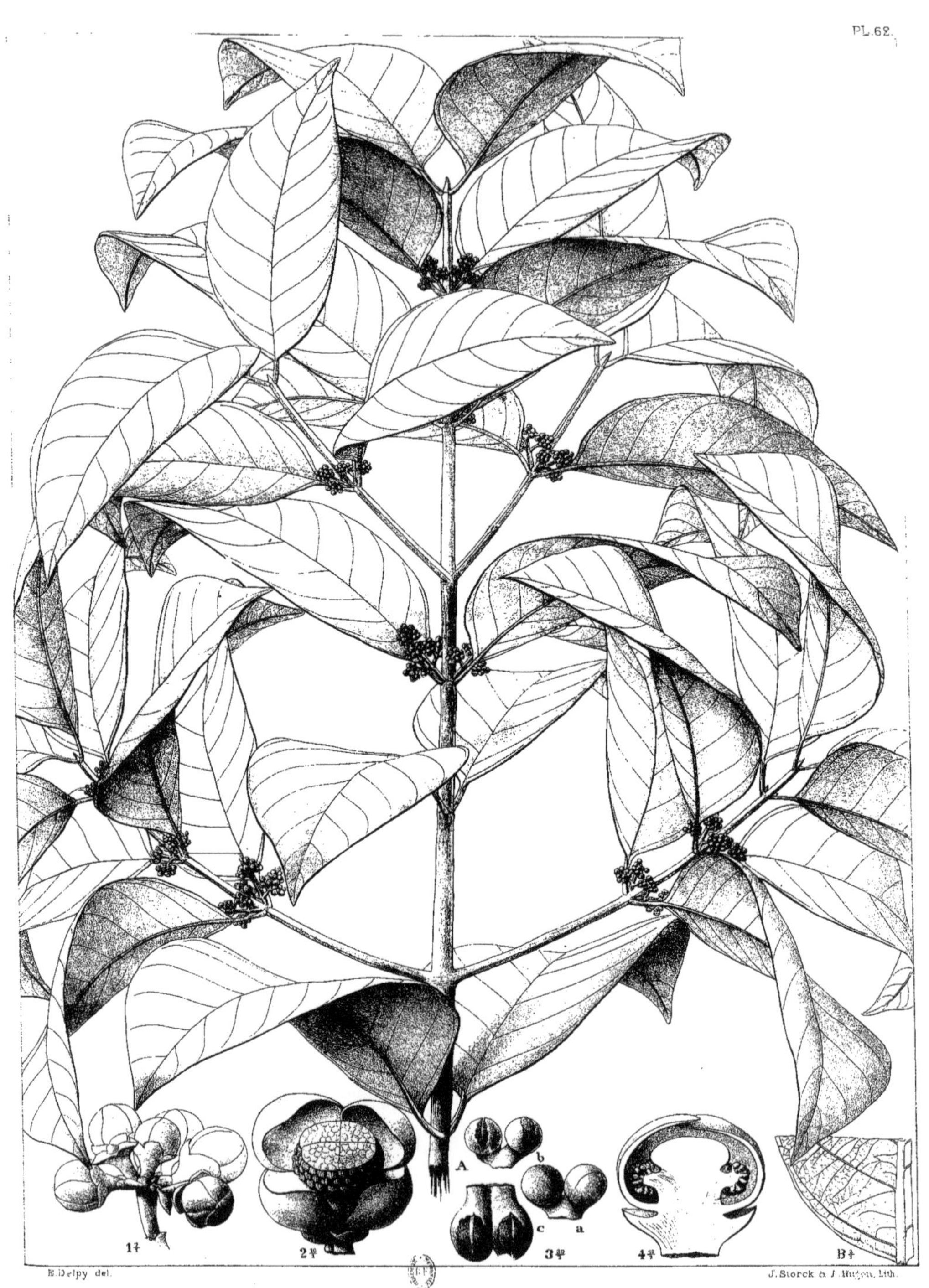

E. Delpy del. J. Storck & J. Hugon, Lith.

GARCINIA THORELII. Pierre.

GARCINIA GRACILIS Pierre

Hab. — Cette espèce n'a été trouvée que dans la région de Bassac près du fleuve Semun, affluent du Mékong, vers le 15° lat. nord et le 105me degré long. (*Collection du docteur Harmand. — Herb. Pierre*, n° 3,618.)

Jeunes rameaux opposés, tétragones, bientôt arrondis, allongés, très grêles, de couleur purpurine dans le jeune âge et d'un rouge noirâtre ou foncé après dessiccation. Feuilles oblongues, lancéolées, à pointe longue et obtuse, aignës à la base et décurrentes sur un pétiole assez long, très membraneuses quoique légèrement coriaces, pâles en dessous, purpurines dans le jeune âge, munies de 14 à 18 petites côtes très fines, peu élevées sur les 2 faces, sans nervation et système veineux bien distincts. Fleurs mâles au nombre de 1 à 3 situées aux axes terminaux, portées par des pédicelles assez longs. Dans les fleurs femelles ou hermaphrodites, toujours solitaires, les pédicelles sont plus courts de moitié et plus gros. A la base des fleurs, on compte trois bractées linéaires oblongues et obtuses. Les sépales sont presque égaux dans les deux séries ou à peine plus petits dans la première. Ceux de celle-ci sont valvaires avant l'anthèse et plus épais. Ils sont tous orbiculaires concaves, charnus et munis de 5 à 10 nervures longitudinales et ascendantes ; ils sont presque diaphanes sur les bords et persistants. Les pétales sont un peu plus petits que les sépales, plus épais et caduques, suboblongs, obovés, concaves, pourpres, et munis de 18 nervures ascendantes. Dans la fleur mâle, les étamines sont au nombre de 12 à 17, groupées sur un réceptacle peu élevé, convexe et charnu, et forment 2-3 rangées. Leurs filets assez courts, sont épais et larges. Les anthères sont oblongues, à 2 loges introrses. Il n'y a pas de rudiment de gynécée. Les sépales des fleurs femelles sont un peu plus grands que ceux de la fleur mâle. Les étamines (staminodes des auteurs) hypogynes, de nombre variable et plus ou moins bien conformées ou fertiles, sont groupées au nombre de 1 à 4 sur chaque phalange opposée aux sépales. Leurs filets larges et aplatis, sont plus longs que ceux de la fleur mâle. Les anthères sont ovales oblongues et introrses. Le jeune fruit est globuleux, lisse, de couleur purpurine extérieurement et en dedans. Il contient 7 à 8 loges. Il est couronné par un stigmate sessile, à lobes souvent peu distincts. Ces lobes sont recouverts de 5-10 glandes arrondies, disposées à la base, en deux rangées et au sommet, au nombre de 3 à 4.

Jeunes rameaux longs de 10 à 15 millim., épais d'un à un millim. 1/2. souvent ramifiés. Feuilles (avec le pétiole de 5 à 8 mill.) longues de 6 à 8 centim., larges de 2 à 3 centim. 1/2. Leur pointe est longue de 7 à 10 centim. La bractée extérieure est longue de 3 millim. 3/4. Les deux autres n'ont qu'un millim. 1/2 à 1 millim. 3/4. La fleur mâle, après l'anthèse, a un diamètre de 6 à 7 millim. et son pédicelle est long de 5 millim. Le bouton a un diamètre, à la hauteur des sépales, de 3 millim. 1/2. Les sépales de la fleur mâle sont longs de 4 à 4 millim. 1/2 et ceux de la fleur femelle ont 5 millim. en hauteur et 4 millim. 1/2 en largeur. Les phalanges staminales, sous le jeune fruit, sont longues de 3 millim. Le fruit, dans sa première jeunesse, a 12 millim. en hauteur et un diamètre d'égale dimension. En cet état, ses graines ne sont pas encore bien conformées.

Obs. — Cette espèce est très voisine du *G. Indica* Choisy. On l'en distingue par des feuilles plus lancéolées, terminées par une pointe plus longue et par des fleurs plus petites. Le nombre de ses étamines est inférieur à celui du G. *Indica* où l'on en compte, dans la fleur mâle, de 35 à 60. Dans le G. gracilis, l'analyse de trois fleurs, m'a donné 12, 13 et 17 étamines. On compte, par phalange, sous le jeune fruit 1 à 4 étamines. On sait que dans le G. *Indica*, celles-ci sont au nombre de 1 à 7 par phalange. Les lobes du stigmate, d'après le jeune fruit, sont peu distincts, ce qui n'est pas le cas du G. Indica, où ces lobes sont découpés profondément et rayonnent autour d'une concavité apicale caractéristique. Sous le nom de G. Indica, il se peut d'ailleurs qu'il y ait deux espèces distinctes, habitant toutes deux le Malabar.

Je n'ai aucun renseignement sur les dimensions de cet arbre et je n'en connais ni les fleurs femelles ni le fruit mûr.

EXPLICATION DES FIGURES DU *GARCINIA GRACILIS* PIERRE.

PLANCHE 63

A. Rameau de la plante mâle $\frac{1}{1}$.

A. Face inférieure d'une portion de feuille $\frac{4}{1}$.

B. Rameau fructifère. Les fruits sont tout à fait jeunes.

1. Fleur mâle $\frac{5}{1}$.
2. Bouton de la fleur mâle où l'on a enlevé les sépales extérieurs $\frac{4}{1}$.
3. Bouton de la fleur mâle privé de ses sépales $\frac{1}{1}$.
4. Bouton de la fleur mâle réduit à l'androcée.
5. Étamines avant l'anthèse *b*, et après l'anthèse *a*, *c*. $\frac{15}{1}$.
6. Coupe longitudinale d'une fleur mâle.
7. Jeune fruit $\frac{4}{1}$.
8. Stigmate d'un jeune fruit.
9. Étamines de la fleur femelle $\frac{15}{1}$ isolées, présentées du côté extérieur (*a*) et intérieur (*b*).
10. Phalange d'étamines de la fleur femelle vue du côté extérieur $\frac{8}{1}$.
11. Coupe d'un jeune fruit $\frac{3}{1}$.

PL.63.

GARCINIA GRACILIS. Pierre.

GARCINIA OLIVERI Pierre

Annamite : Bủá rũng ou bủá núi. — Kmer : tromèng

Hab. — Habite toutes les parties de la Basse-Cochinchine et du Cambodge (*Herb. Pierre*, n°s 2; 7720; 1373; 3624; 3626, 3628); le Laos méridional (*Docteur Harmand*, n° 190) et les îles de Condor et de Phu Quôc.

Rameaux secondaires longs, arrondis, à divisions dichotomes courtes, noueuses et noirâtres. Feuilles pourvues d'un long pétiole, oblongues ou elliptiques-oblongues ou oblongues lancéolées, aiguës à la base, acuminées et subaiguës au sommet, concaves, munies de 36 à 40 petites côtes parallèles, très finement accentuées sur les deux faces. Fleurs mâles, axillaires ou terminales, au nombre de 3 à 6. Leurs pédoncules sont plus longs et plus grêles que dans les fleurs hermaphrodites; ils naissent au sommet de bourgeons très proéminents et écailleux, munis de deux bractées à la base. Sépales extérieurs plus courts, mais plus larges que ceux de la deuxième série, tous orbiculaires, concaves, épais, membraneux et légèrement dentelés sur les bords. Pétales beaucoup plus longs et plus épais que les sépales, oblongs ou elliptiques oblongs, arrondis et plus larges au sommet qu'à la base, soudés avec le réceptacle, jaunâtres. Étamines au nombre de 180 environ, disposées en plusieurs séries sur un réceptacle épais, élevé, tétragone à la base, quadrilobé au sommet. Filets courts, épais, tétragones. Anthères à 4 loges, situées verticalement sur les 4 côtés d'un connectif large et charnu. Rudiment de gynécée, rarement présent, lobé au sommet. Fleurs hermaphrodites au nombre de 1-6-9, axillaires ou terminales, portées par un pédoncule épais et quadrangulaire. Sépales et pétales un peu plus grands que dans la fleur mâle. Androcée formant un anneau étroit à la base de l'ovaire, puis s'élevant en quatre phalanges, dont chacune dressée en face d'un sépale, porte au sommet 13 à 26 étamines. Les anthères semblables à celles des fleurs mâles sont le plus souvent fertiles et sont portées par des filets plus longs et aplatis. L'ovaire possède 9 à 10 loges. Il est sillonné dans le jeune âge. Le style est très court et entièrement caché par les lobes du stigmate qui recouvrent aussi en grande partie l'ovaire. Ces lobes, au nombre de 9 à 10, sont très rapprochés à la base, simplement sillonnés dans leur plus grande étendue et libres seulement au sommet. Ils sont revêtus de 6 à 11 glandes aplaties et larges, d'abord bisériées et au nombre de 3 à 4 au sommet. Le fruit est lisse, oblong, rétréci aux deux extrémités. Il est couronné par le stigmate devenu concave au sommet. Son péricarpe, rouge à la maturité, est charnu et comestible. Les graines sont, au nombre de 6 à 10, oblongues, amincies du côté de l'axe d'insertion, légèrement arquées et pointues à la base. Le tégument et l'embryon sont semblabes à ceux des Garcinia de cette section.

Arbre de 20 à 30 mètres. Tronc ayant un diamètre de 30 à 60 centim. Écorce rugueuse, charbonneuse ou noirâtre à l'extérieur et tombant par plaques. Elle est gorgée d'un suc jaunâtre et a une épaisseur de 4 à 5 millim. Pétiole long de 10 à 20 millim., canaliculé. Feuilles, avec le pétiole, longues de 10 à 27 centim., larges de 4 à 8 centim. Elles ont 1 ou 2 nervures entre chaque petite côte, presque aussi fortes, mais moins longues que celles-ci. Les pédoncules des fleurs mâles sont longs de 5 à 8 millim. Moins longs et plus épais dans les fleurs femelles, ils n'ont que 4 à 6 millim. sur 2 millim. de diamètre. Les sépales de la série extérieure sont longs de 5 à 5 millim. 1/2. Ils sont longs de 6 millim. 1/2 et larges de 4 millim. dans la deuxième série. Les pétales mesurent en longueur 10 millim. et en largeur 5 millim. Les phalanges opposées aux sépales extérieurs, sont celles qui portent le plus grand nombre d'étamines. Elles atteignent la moitié de la longueur du stigmate. La baie est longue de 4 à 5 centim. et a un diamètre de 3 à 4 cent. 1/2. Quoique la matière pulpeuse qui recouvre le tégument de ses graines et son endocarpe soient assez acides, c'est pourtant un fruit recherché par les indigènes. Les Annamites des villages voisins de la région forestière le conservent dans du sel, préalablement coupé par tranches.

Obs. — Cet arbre est un des plus grands Garcinia connus. Il est assez commun dans toute la Basse-Cochinchine, principalement dans les montagnes de Dinh et de Phu Quôc. Son écorce pourrait être utilisée en teinture. On trouve son fruit communément vendu dans les bazars, du mois de juin au mois de septembre. Son bois rougeâtre est assez léger et très flexible. Les indigènes ne lui reconnaissent pas une grande durée. Cependant il est communément employé pour poteaux, madriers. On en fait à Phu Quôc de bons avirons.

Le *G. Oliveri*, fait partie de la section *Oxycarpus*, caractérisée par des pétales plus longs que les sépales, par des étamines groupées sans ordre sur un réceptacle convexe et charnu, dans la fleur mâle, et en phalanges hypogynes dans la fleur femelle; par des anthères formées le plus souvent de 4 loges; par un ovaire presque toujours sillonné dans le jeune âge.

Les figures 6, 8, 9, 12, de la planche 64 sont faites d'après un échantillon de fleurs femelles, portant dans mon herbier le n° 3623 et trouvées au pied d'un arbre, croissant sur les collines boisées de la rive gauche du Dongnai, près de Tri Hûyen et non loin des rapides de ce fleuve. L'arbre m'a paru avoir une trentaine de mètres d'élévation. Son tronc est nu et haut d'environ 12 mètres. Son écorce est noirâtre superficiellement, très crevassé. L'analyse suivante indique une espèce très voisine du *G. Oliveri* mais distincte par les dimensions de la fleur femelle, par le nombre des loges de l'ovaire et par la forme du stigmate. Elle serait plus voisine du *G. Delpyana* par ce dernier caractère. Cependant les glandes formant la surface des lobes sont moins élevées que dans cette dernière espèce et ne sont pas, au sommet, aussi écartées ou aussi distinctes.

GARCINIA SP. (*Herb. Pierre*, n° 3623). Tri Huyen dans la province de Bien Hoa, près des cataractes du Dongnai.

Feuilles inconnues, mais d'après mes souvenirs, se rapprochant de celles des *G. Delpyana* et *G. Oliveri*. Fleurs mâles inconnues. Fleurs femelles portées par un pédicelle tétragone long de 3 à 4 millim., large au sommet de 3 millim. 1/2. Elles ont, à la base, une bractée longue de 7 millim. et large de 3 millim. 1/2. Les sépales extérieurs sont larges et longs de 5 millim. 1/2. Ils ont 6 millim. 1/2 en long. et 4 millim. en larg. dans la 2e série. Ils sont orbiculaires, concaves, légèrement carénés sur le dos, membraneux sur les bords et munis de nervures, striées dans leurs intervalles. Les pétales longs de 9 à 10 millim., larges de 5 millim., sont oblongs, arrondis au sommet et très charnus à la base. L'androcée forme un anneau étroit à la base du gynécée. Il est divisé, plus haut, en 4 phalanges portant de 12 à 16 étamines, que je crois fertiles. Le gynécée a un ovaire formé de 8 loges. Il est sillonné et se termine par un style très court, concave et large au sommet, divisé en 8 lobes stigmatiques bien distincts. On compte 9 à 11 glandes peu élevées sur chaque lobe. Fruit inconnu.

EXPLICATION DES FIGURES DE *GARCINIA OLIVERI* PIERRE.

PLANCHE 64

A. Rameau florifère de la plante mâle (*Herb. Pierre*, nos 1373 et 2).

B. Rameau florifère de la plante femelle (*Herb. Pierre*, n° 3626).

C. Rameau portant des fruits mûrs (*Herb. Pierre*, n° 2).

1. Fleur mâle où manquent les pétales.
2. Coupe transversale d'une fleur mâle.
3. Etamines vues du côté extérieur (*a*) et latéralement (*b*).
4. Fleur femelle. Les sépales et les pétales sont légèrement dentelés. Ce caractère a été exagéré dans la figure $\frac{1}{1}$.
5. Bractées de la fleur femelle.
7. Phalange d'étamines de la fleur femelle.
10. Coupe longitudinale d'une fleur femelle.
11. Stigmate.
13. Diagramme de la fleur femelle. Par erreur, on a placé dans les phalanges opposées aux sépales de la 2e série, le plus grand nombre d'étamines. C'est le contraire qui a lieu.
14. Coupe transversale d'un fruit $\frac{1}{1}$.
15. Graines. La partie légèrement acuminée et recourbée, placée par erreur dans le dessin, en haut, doit être considérée comme la base de la graine.

GARCINIA SP. (*Herb. Pierre*, n° 3623.)

6. Fleur femelle $\frac{3}{1}$.
8. Coupe longitudinale de la fl. hermaphrodite $\frac{3}{1}$.
9. Stigmate.
12. Coupe transversale d'un ovaire.

E. Delpy del.

J. Storck & L. Hugon lith.

GARCINIA OLIVERI. Pierre.

GUTTIFÈRES

GARCINIA DELPYANA Pierre

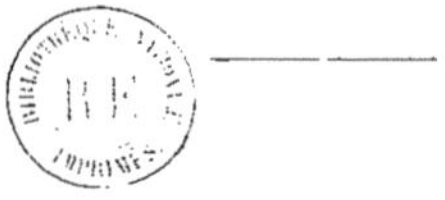

Annamite : búa — Kmer : trà meng

Hab. — Cette espèce est commune sur le littoral de l'île Phu-Quôc et dans la province de Kamput. (*Herb. Pierre*, nos 2002, 3624 et 3635).

Les jeunes rameaux sont tétragones, assez gros et noirâtres. Les feuilles sont oblongues ou linéaires-oblongues, lancéolées, terminées par une pointe obtuse au sommet, aiguës à la base, épaisses et coriaces, brillantes en dessus et ferrugineuses en dessous. Les petites côtes sont au nombre de 40 environ. Elles sont élevées sur les deux faces. Les fleurs mâles, au nombre de 5-8, sont axillaires ou terminales, et portées par des pédicelles longs et grêles. Dans le sexe femelle, les fleurs sont le plus souvent solitaires et leurs pédicelles beaucoup plus courts que dans les mâles. Elles ont à leur base deux bractées oblongues, naviculaires et acuminées. Les sépales sont orbiculaires, concaves, légèrement carénés sur le dos, multinervés, coriaces, membraneux vers le bord, plus grands dans la série intérieure et dans les fleurs femelles. Les pétales sont au nombre de quatre comme les sépales, plus grands et plus épais qu'eux, oblongs, obovés, concaves, jaunâtres. On compte dans la fleur mâle 65 étamines environ. Elles sont sessiles sur un réceptacle quadrangulaire et convexe. Il n'y a pas de rudiment de gynécée. Dans la fleur hermaphrodite, il y a quatre faisceaux staminaux hypogynes, opposés aux sépales. Ceux qui regardent les sépales extérieurs portent 6-8 étamines. Ce nombre n'est que de 3-5 au sommet de chacun des deux autres. Dans les deux sexes, les filets sont courts et tétragones. Les anthères ont quatre logettes verticales, situées latéralement sur les quatre facettes d'un très large connectif. Le gynécée jeune, est sillonné de la base au sommet. Son style très court et concave au sommet, est partagé en 7 lobes réfléchis. Chacun d'eux est revêtu de 8 à 9 glandes stigmatiques très élevées et bisériées. Celles qui sont situées au sommet, forment quatre à cinq petits lobes. L'ovaire à 6-7 loges uniovulées. La baie a autant de loges monospermes. Elle est globuleuse subpédiculée, lisse et terminée par un prolongement stylaire partagé au sommet en 6-7 lobes. Les graines ont la forme d'un croissant. La matière pulpeuse qui les recouvre est d'un goût assez agréable. Le péricarpe est spongieux et jaunâtre.

Cet arbre à 10-18 mètres d'élévation. Le diamètre de son tronc est de 15-25 centim. Son écorce est rugueuse et noirâtre en dehors, jaunâtre en dedans et gorgée d'un suc jaune très abondant. Les feuilles ont de 10-20 centim., larges de 3 à 6 cent. 1/2, plus étroites et plus épaisses que dans le *G. Oliveri*. Leurs veines sont transversales, espacées et souvent peu distinctes. Les petites côtes sont rapprochées, très fines et bien distinctes sur les deux faces. Le pétiole est long de 12 millim. Le pédicelle de la fleur mâle est long de 10-12 millim. Celui des fleurs hermaphrodites n'a que 2-5 millim. de longueur. Les bractées sont longues de 5 millim. 1/2. Les sépales de la première série ont 3-4 millim. de haut. et de diamètre. Dans la seconde, ils ont 4-5 millim. de longueur et de largeur. Les pétales ont 4 millim. 1/2 à 8 millim. de longueur et 3 millim. de largeur. Les phalanges staminales de la fleur hermaphrodite sont aussi longues que le gynécée. Les filets de leurs étamines sont plus aplatis et plus larges que ceux de la fleur mâle. L'ovaire est en partie recouvert par les lobes du stigmate. Le style est concave et offre quelquefois une surface aplatie et assez large entre les lobes du stigmate. La baie est haute de 3 cent. et son diamètre est de 2 cent. 1/2. Le rétrécissement qu'elle a à sa base est de 3 millim. de hauteur. Son prolongement stylaire est de 5 millim. Les graines sont longues de 16 millim., et leur plus grand diamètre est de 7 millim. 1/2.

Obs. — Cette espèce est très voisine du *G. Oliveri*. On l'en distingue par des feuilles moins larges et plus épaisses; par des pédicelles plus larges et plus grêles, par un nombre d'étamines beaucoup moins considérable dans les deux sexes et par le nombre des loges ovariennes ne s'élevant pas au delà de 6-7.

Le bois de cette espèce s'emploie aux mêmes usages que celui du *G. Oliveri*. Son écorce sert à teindre en jaune-rougeâtre.

EXPLICATION DES FIGURES DU *G. DELPYANA* Pierre.

PLANCHE 65.

A. Rameau florifère de la plante mâle.

1. Coupe longitudinale d'une fleur mâle $\frac{1}{6}$.
2. Fleur privée de ses sépales et de ses pétales ou réduite à l'androcée $\frac{1}{4}$.
3. Étamines de la fleur mâle vues du côté extérieur *(a)* et du côté latéral *(b)* et *(c)*.
4. Coupe longitudinale d'une fleur hermaphrodite $\frac{1}{6}$.
5. Fleur hermaphrodite privée d'une partie de son périanthe $\frac{1}{8}$.
6. Diagramme de la fleur hermaphrodite.

B. Rameau fructifère.

7. Coupe longitudinale d'un fruit $\frac{1}{1}$.
8. Stigmate d'un jeune fruit.
9. Graine $\frac{1}{1}$.

E. Delpy del.

J. Storck & L. Hugon Lith

GARCINIA DELPYANA, Pierre.

GUTTIFÈRES

GARCINIA LOUREIRI Pierre

Annamite : bùa nhà

Hab. — Cette espèce est cultivée dans toutes les provinces de la Basse-Cochinchine et du Cambodge *(Herb. Pierre,* n°s 420 et 669).

Les jeunes rameaux sont tétragones d'abord, puis cylindriques. Les feuilles sont ovales-oblongues ou oblongues-lancéolées, aiguës à la base, terminées au sommet par une pointe large et obtuse, membraneuses et coriaces. Leurs petites côtes sont au nombre de 26-40 et également élevées sur les deux faces. Les fleurs mâles sont au nombre de 1-5, fasciculées aux aisselles des feuilles et assez longuement pédicellées. Les sépales sont orbiculaires, concaves, carénés vers la base extérieurement et plus courts dans la première série. Les pétales sont aussi au nombre de 4, plus longs et plus charnus que les sépales, ovales-oblongs, arrondis au sommet, soudés à la base du réceptacle central et jaunâtres. On compte 70-105 étamines sur le réceptacle qui est élevé, tétragone, convexe et nu à la base. Leurs filets sont tétragones et très courts. Leurs anthères sont à 4 logettes ascendantes, disposées aux angles d'un connectif très épais. On constate très rarement au sommet du réceptacle la présence d'un rudiment de gynécée. Quand il existe, il est terminé par un style subulé, rarement lobé au sommet. Il ne s'élève pas au-dessus des étamines. Les fleurs femelles sont sessiles et le plus souvent solitaires. Leurs étamines sont disposées au nombre de 7-13 au sommet de 4 petites phalanges hypogynes opposées aux sépales. Leurs filets sont quelquefois assez longs et tout à fait libres à la base du gynécée. Les anthères sont souvent de même forme que dans la fleur mâle et fertiles. L'ovaire est globuleux, pourvu de 6 à 10 loges, le plus souvent de 8 loges, auxquelles correspondent autant de côtes et de divisions stigmatiques. Le style est épais, court et nettement distinct. Chaque lobe du stigmate contient deux rangées de glandes très élevées. Elles sont plus larges et échancrées au sommet des lobes et plus rapprochées à la base. Le fruit est ovoïde et terminé par un style court. Le stigmate est étalé ou réfléchi. Ses divisions ne correspondent pas toujours au nombre des loges et des sillons du fruit. Le nombre des graines est de 6-10. Elles sont oblongues, épaisses dorsalement et amincies du dehors en dedans.

Le *G. Loureiri* est un arbre de 10-15 mètres. Dans le premier âge, il porte ordinairement des fleurs mâles. Après 2 ou 3 années de floraison, les fleurs des deux sexes se rencontrent en même temps, sur le même individu mais non sur les mêmes rameaux. Ce même arbre ne porte plus enfin, dans les années suivantes, que des fleurs pseudo-hermaphrodites. Son écorce est noirâtre en dehors, jaune en dedans. Son latex est abondant. Ses feuilles ont un pétiole de 5-10 millim. Elles sont longues de 8-15 cent. et larges de 3-4 cent. 1/2. Quoique minces et membraneuses, elles sont très coriaces. Les pédicelles des fleurs mâles sont longs de 8-12 millim. et sont, vers le sommet, épais de 1-2 millim. Dans les fleurs femelles ils sont longs de 1 à 3 millim. Les sépales de la série extérieure ont 4 à 5 millim. 1/2 de longueur sur 4-5 millim. de largeur. Dans la seconde série, ils ont 6 millim. sur 5 millim. C'est à peu près la dimension des pétales avant l'anthèse, mais ils ne tardent pas à devenir 2 ou 3 fois plus longs. Ce fruit est une baie à péricarpe charnu et rougeâtre en dedans, jaune au dehors, au moment de la maturité. Il a en hauteur 5 cent., et en diamètre 4 cent. Le mucilage qui forme la couche externe du tégument séminal est blanc, acidulé et recherché par les indigènes quoiqu'il soit en effet d'un goût peu agréable. Le péricarpe, coupé par tranches séchées et salées, est conservé comme aliment ou remplace le vinaigre.

Dans le *G. cochinchinensis* Choisy, *in D., C., Prod.* 1, 561. (Oxycarpus cochinchinensis, Loureiro, *Fl. Cochinch.* 1790, p. 648), les fleurs mâles sont décrites sessiles et ne contiennent que 40-50 étamines. Les anthères sont dites biloculaires. La baie, de même que l'ovaire, est lisse, dépourvue de côtes et ne contient que 6 loges. Ces caractères sont si différents de ceux que nous venons de décrire dans le *G. Loureiri*, qu'il n'est pas possible de confondre ces deux espèces. Je dois ajouter que je n'ai pas vu l'échantillon type du *G. cochinchinensis* qui existe au British Muséum. Si les deux espèces diffèrent, néanmoins elles pourraient appartenir à la même section, car elles ont à Hué et en Basse-Cochinchine le même nom indigène *bua*, ce qui indique un rapprochement. Le même nom, d'ailleurs, s'applique à deux autres espèces, les *G. Oliveri* et *G. Delpyana,* dont les anthères sont exactement comme celles du *G. Loureiri.* C'est cette considération qui m'a fait adopter pour ces espèces et pour la section à laquelle elles appartiennent, le nom *Oxycarpus.*

EXPLICATION DES FIGURES DU *G. LOUREIRI* PIERRE.

PLANCHE 66.

A. Rameau d'un arbre âgé de 7 ans portant des fleurs femelles ou hermaphrodites. L'arbre, d'où il provient, n'avait porté, pendant les années précédentes, que des fleurs mâles.

B. Rameau d'une inflorescence mâle provenant d'un arbre âgé de quatre ans. Il provient du même arbre qui a fourni le rameau A.

1. Fleur mâle privée de ses sépales et de ses pétales. On voit au centre un corps quadrangulaire ou réceptacle des étamines. Il n'a pas de rudiment de gynécée $\frac{1}{5}$.

2.6. Formes diverses d'étamines de la fleur mâle.

7. Fleur mâle où l'on a conservé trois pétales.

8. Pétale vu du côté intérieur.

9. Coupe longitudinale d'une fleur mâle. On voit au sommet un rudiment de gynécée (9^a, 9^b).

10. Fleur hermaphrodite privée de ses sépales et pétales.

11.12.13. Coupes transversales du fruit.

14. Graine $\frac{1}{1}$

E. Delpy del — J. Storck & L. Hugon, Lith.

GARCINIA LOUREIRI, Pierre

GUTTIFÈRES

GARCINIA FUSCA Pierre

Annam : bûa lûeur.

Hab. — Cette espèce habite les rives du fleuve de Saïgon et la province d'Angkor dans le Cambodge *(Herb. Pierre.* n° 3622.

Les rameaux sont très longs, courbés jusqu'au sol, couverts de nodosités et noirâtres. Les plus jeunes sont à peine tétragones et pourpres. Ils ne portent qu'une à deux paires de feuilles ovales ou linéaires-oblongues, aiguës à la base obtuses au sommet, peu épaisses, coriaces, pourpres dans la jeunesse et noirâtres après dessiccation. Leurs petites côtes, au nombre de 28-32 sont ascendantes, unies près de la marge et également élevées sur les deux faces. Une ou deux nervures courent parallèlement dans l'intervalle de chacune d'elles. Elles sont reliées transversalement par des veines très fines et peu distinctes. Les fleurs mâles, le plus souvent au nombre de trois, sont ombellées au sommet d'un bourgeon très court et axillaire. Les fleurs femelles sont presque sessiles et axillaires. Les sépales sont suborbiculaires, concaves, multinervés, coriaces, longs de 3-6 millim. et larges de 4-6 millim. dans la première série, plus grands dans la série intérieure où ils sont longs de 5 à 7 millim. 1/2 et larges de 5 à 6 millim. 1/2. Les pétales sont plus grands que les sépales, longs de 8 millim. 1/2 et larges de 5 millim. Ils sont ovales-oblongs, étroits à la base, arrondis au sommet et beaucoup plus charnus que les sépales. On compte, au sommet d'un réceptacle charnu, hémisphérique au sommet, tétragone à la base, de 30 à 60 étamines. Leurs filets sont très courts. Leurs anthères sont quadrangulaires et à 4 logettes d'Oxycarpus. Il n'y a pas de rudiment de gynécée. Les étamines, dans la fleur femelle, sont disposées en quatre faisceaux hypogynes opposés aux sépales. Ceux qui regardent les sépales de la première série en ont 2-4 : dans les deux autres, elles sont au nombre de 1 à 2. Les anthères sont à 2 loges ou à 4 logettes parallèles et peu distinctes. Le gynécée est sphérique. Son style est très court et gros. Il est recouvert par un stigmate concave au centre et partagé en 7 lobes réfléchis et recouverts par deux rangées de glandes stigmatiques. L'ovaire a 7 loges uniovulées et il est extérieurement, de la base au sommet, parcouru par 7 sillons longitudinaux. La baie est ovale ou sphérique, lisse et terminée par un prolongement stylaire assez long, couronné par le stigmate.

Cette espèce n'atteint pas de grandes dimensions. Les plus vieux arbres ont 5 à 8 mètres. Le tronc est garni de ramifications jusque vers la base. Les branches sont grosses, couvertes de nodosités et tortueuses. Les feuilles sont le plus souvent oblongues ou linéaires-oblongues. Leur pétiole est canaliculé et long de 3-8 millim. Elles ont une dimension très variable ; longues de 8-15 centim. et larges de 2-3 centim.; elles sont luisantes en dessus et pâles en dessous. Leur nervation est très accentuée, caractère qu'on retrouve dans toutes les espèces de cette section. Les pédicelles de la plante mâle sont longs de 5 millim. et épais de 3/4 de millim. Ils sont plus gros et à peine longs de 2 millim. dans la plante femelle. Les sépales et les pétales sont un peu plus grands dans la fleur femelle que dans la fleur mâle. Le style, quoique court est bien distinct. Il est cunéiforme ou moins épais à la base. Quoique l'ovaire soit sillonné, le fruit est toujours lisse. Les graines sont celles des Oxycarpus. Elles longues de 12 à 15 millim. Elles sont entourées d'une pulpe dont le goût est aigrelet. Le sarcocarpe est charnu et comestible, de même que celui des fruits de cette section.

Obs. — On distinguera le *G. fusca* du *G. Loureiri* par des feuilles plus longues et obtuses, par des pédicelles plus courts, par des fleurs plus petites, et surtout par son fruit non sillonné. Dans le *G. Cowa*, les fleurs sont plus grosses ; les pédicelles plus charnus ; les fleurs mâles ont des anthères plus grosses ; les fleurs femelles sont au nombre de 3-5 et le fruit est sillonné. Dans le *G. Kydia*, espèce très voisine de la précédente, d'après Roxburgh, les feuilles sont aiguës, et le fruit est déprimé ou concave au sommet. Le style est enfoncé dans cette concavité. Il n'est pas inutile d'ajouter que ces deux espèces indiennes sont discutées par quelques auteurs et encore peu connues.

J'ai fait figurer plus loin (planche 82 I) un échantillon *(Herb. Pierre* n° 3,714) qui offre quelque différence avec le *G. fusca*. Les feuilles y sont ovales-oblongues, et plus larges que dans mes autres échantillons. Le fruit y est plus globuleux et son prolongement stylaire bien plus court. Je ne sais même pas si cet échantillon provient de Cochinchine. Son étiquette faisait défaut. Il se pourrait qu'il ait été récolté dans le jardin botanique de Calcutta où j'ai fait, en 1862-65 la collection des plantes qui y étaient cultivées. Dans ce cas, cet échantillon se rapporterait à l'espèce figurée plus bas (pl. 82 E), cultivée dans le même jardin, sous le nom de *G. Roxburghii*, et rapportée par *T. Anderson* au *G. Cowa Roxb.* On remarquera que son fruit n'est pas sillonné, tandis que dans la fig. de Wight *(Ic.* t. 104) ce caractère est nettement indiqué. Y aurait-il une espèce intermédiaire entre le *G. Cowa* et le *G. Kydia*, habitant l'Assam et le Silhet, dont le fruit et *souvent* l'ovaire, ne seraient pas sillonnés ? En tout cas, par le nombre des étamines placées au sommet des phalanges, la fig. E de la planche 82 se rapporterait plus au *G. Cowa* qu'au G. *Kydia*, car Roxburgh n'en indique par faisceau, dans cette dernière espèce, que 2-3, tandis que dans l'autre, ce nombre est de 5-10. Il est vrai aussi, que dans la fig. E, on en trouve depuis 1, jusqu'à 5 au sommet des faisceaux. Sous le jeune fruit (pl. 82 I) du rameau dont je parle, je n'ai pu voir aucune trace de faisceaux staminaux.

Le bois du *G. fusca* est rougeâtre. Ses fibres sont très tordues. J'ignore s'il est employé dans l'industrie.

EXPLICATION DES FIGURES DU *G. FUSCA* PIERRE.

PLANCHES 67 ET 82, FIG. 1

A. Rameau de la plante mâle.

B. — — femelle.

C. Rameau fructifère.

1. Jeune fleur où on a enlevé un sépale de la seconde série $\frac{5}{1}$
2. Autre fleur où un sépale et deux pétales ont été enlevés afin de montrer l'androcée $\frac{5}{1}$
3. Fleur après l'anthèse $\frac{5}{1}$
4. Pétale vu du côté intérieur $\frac{5}{1}$
5. Étamines de la fleur mâle vues des côtés extérieur (*a*) intérieur (*b*) et latéral (*c*).
6. Coupe longitudinale d'une fleur mâle $\frac{5}{1}$
7. Diagramme de la fleur mâle.
8. Fleurs femelles après l'anthèse. Un sépale intérieur et les pétales ont été enlevés $\frac{5}{1}$
9. Coupe longitudinale d'une fleur femelle $\frac{4}{1}$
10. Diagramme de la fleur femelle $\frac{5}{10}$ Les étamines sont en nombre variable sur chaque faisceau. Les plus nombreuses sont opposées aux sépales de la première série.

PL. 67

GARCINIA FUSCA. Pierre.

GARCINIA MERGUENSIS Wight

Ill. 122. — Icones t. 116. — T. Anderson *in fl. Brit. Ind.* 1. 267-268. — Kurz. *For. fl. Burmah* 1. 89-90. — De Lanessan *Mém. Garcinia.* p. 57-58. excl. syn. — Discostigma merguense. Pl. et Tr. *Mém. Guttifères*, p. 208.

Annam : sôn ve

Hab. — Espèce très répandue dans le Cambodge, dans la Basse-Cochinchine et dans l'île de Phu Quốc. *(Herb. Pierre* nos 613, 615, 3630-38). Dist.: Presqu'île de Malacca (Mergui *Herb. Griffith).*

Jeunes rameaux allongés, grêles, quadrangulaires et de couleur purpurine dans la jeunesse. Feuilles oblongues ou ovales-lancéolées, terminées par une pointe plus ou moins longue et obtuse, aiguës à la base et décurrentes sur un pétiole canaliculé. Les petites côtes, très fines et peu élevées sont nombreuses et visibles sur les deux faces. Il existe dans leurs intervalles une à deux nervures presque parallèles, reliées par des veines peu distinctes. Les fleurs mâles et femelles sont au nombre de 3 à 5 et forment des grappes axillaires composées de cymes bipares. Elles sont longuement pédicellées. Les sépales forment deux séries. Ceux de la première sont plus petits et sont bractéiformes. Ceux de la seconde, plusieurs fois plus grands et plus larges, sont presque semblables aux pétales. Ceux-ci sont caducs de bonne heure de même que les sépales intérieurs. Ils sont suboblongs ou orbiculaires, concaves, un peu plus épais que les sépales et jaunâtres. Les étamines sont au nombre de 15 à 35, et davantage, sur chaque faisceau. Les anthères sont didymes réniformes ou globuleuses, suivant les variétés. Le rudiment de gynécée est plus court que les faisceaux, ou sessile, ou porté par un pied très court. Il est tétragone, tronqué au sommet ou pyramidal suivant les variétés, très charnu et glanduleux. Le gynécée est sessile, obpyramidal, surmonté d'un stigmate épais, à bords réfléchis et ondulés. Il recouvre la partie supérieure d'un ovaire lisse et il est pourvu de deux loges uniovulées. La baie est globuleuse ou suboblongue. Ses graines aplaties du côté du hile et bombées extérieurement, ont la forme d'une pelle. Elles sont exactement organisées comme celles des espèces de cette section, c'est-à-dire recouvertes d'un tégument fibreux intérieurement, pulpeux en dehors et lisse en dedans. L'embryon est une masse charnue où les cotylédons et la gemmule sont indistincts.

Arbre de 15 à 20 mètres. Tronc droit, peu élevé. Son diamètre est de 25 à 30 centim. Son écorce peu épaisse et grise extérieurement, fournit une gomme-gutte d'un jaune brun-rougeâtre, après dessiccation. Le pétiole est long de 5 à 10 millim. Les feuilles sont longues de 6 cent. 1/2 à 10 centim. larges de 2 à 4 millim. Leur pointe varie comme longueur et largeur. Elle est longue de 5 à 15 millim. L'inflorescence est longue de 10 à 15 millim. Les pédicelles sont longs de 4 millim. 1/2 à 7 millim. Les boutons ont 4 millim. 1/2 sur 6 millim. de diamètre. Les sépales extérieurs sont larges de 2-3 millim. et longs de 1-2 millim. Les sépales de la série intérieure sont longs et larges de 4 millim. Les pétales au nombre de 4-5-6 sont longs de 4 millim. 1/2 et larges de 3 millim. Les faisceaux, aussi nombreux que les pétales, sont libres et longs de 4 millim. Ils sont obovés au sommet et étroits à la base. Ils sont garnis d'étamines sur l'une et l'autre face supérieure. Les anthères, soutenues par un filet court, large et bifurqué au sommet, ont des loges recouvertes de ponctuations purpurines dans la variété *pyramidata*. Leurs loges s'ouvrent par une fente apicale assez courte. Le rudiment de gynécée est haut et large à la base de 2 millim. 1/2. L'ovule ascendant, incomplètement anatrope, est attaché au milieu de la loge. La baie jaune-verdâtre, au moment de la maturité, mesure 12 millim. en hauteur avec un diamètre de 9 à 12 millim. Le péricarpe, composé de cellules d'autant plus lâches qu'elles sont plus internes, est gorgé de gomme-gutte. Il est comestible. Les graines ont un diamètre de 6 à 8 millim. La partie fibreuse du tégument est formée de nervures tortueuses, groupées en paquets losangiques et reliées par des dépôts de gomme-gutte. Ces fibres sont déroulables à la manière des trachées.

Obs. — Dans l'échantillon de Griffith, type de l'espèce (Wight Ic. t. 116) le rudiment de gynécée est courtement pédiculé et tronqué au sommet. C'est presque la forme de mes échantillons (n°. 3630) provenant de la province de Tayninh en Basse-Cochinchine. Le fruit, dans cet échantillon, est plus globuleux que celui des échantillons de Griffith. Le nombre et la forme des étamines diffèrent aussi, dans l'échantillon de Griffith. Dans mes échantillons de Phu Quốc, des provinces de Kamput et de Tpong, la forme du rudiment de gynécée est tout à fait pyramidale et presque aiguë au sommet. Le nombre des étamines y est plus considérable que dans l'éch. Griffith. Les anthères y sont globuleuses et ponctuées. Ces différences ne m'ont pas paru suffisantes pour les distinguer spécifiquement du *G. merguensis*. J'ai préféré établir les deux variétés suivantes, basées principalement sur la forme du rudiment de gynécée :

Var. a : Truncata Pierre. — *(Herb. Griffith. Wigth. Icones, t. 116. — Herb. Pierre, n° 3630).*

Rudiment de gynécée tronqué, tétragone et plus ou moins pédiculé. Étamines, sur chaque faisceau, au nombre de 15-30. Loges de l'anthère subréniformes.

Var. b : Pyramidata Pierre. — *(Herb. Pierre nos* 613, 615 et 3638).

Feuilles plus étroites et plus lancéolées. Rudiment de gynécée sessile et pyramidal. Étamines au nombre de 25-35 sur chaque faisceau.

Le *Garcinia Merguensis* est un joli arbre d'ornement. Son fruit est apprécié par les indigènes, quoique insignifiant. Son bois jaune-rougeâtre, flexible et léger, est d'un usage restreint. Sa gomme-gutte brunit à la lumière. Son écorce est utilisée en teinture.

EXPLICATION DES FIGURES DU *GARCINIA MERGUENSIS WIGHT.*

PLANCHE 68

VARIÉTÉ A : TRUNCATA PIERRE.

A. Rameau de la plante femelle.
B. — fructifère.
C. — de la plante mâle.

1. Fleur femelle $\frac{1}{5}$.
2. Jeune gynécée : à sa base et en face des pétales, on voit les rudiments de l'androcée.
3. Coupe longitudinale d'un bouton de la fleur femelle $\frac{1}{20}$.
4. Coupe longitudinale d'une fleur mâle, plus avancée.
5. Ovaire grossi.
6. Graine vue du côté du hile (*a*) et du côté latéral (*b*) $\frac{1}{3}$.
7. Jeune plante. La racine (*a*) qui traverse la masse de l'embryon est atrophiée de bonne heure. Les fonctions de nutrition sont faites par la racine adventive (*b*).
8. Fleur de la plante mâle $\frac{1}{6}$.
9. Rudiment de gynécée.
10. Rudiment de gynécée d'après l'échantillon type de Griffith du G. Merguensis.

PLANCHE 69

VARIÉTÉ B : PYRAMIDATA PIERRE.

A. Rameau de la plante mâle.
B. Rameau de la plante femelle.

1. Bouton de la fleur mâle $\frac{1}{15}$.
2. Fleur mâle ouverte $\frac{1}{5}$.
3. Pétale $\frac{1}{5}$.
4. Coupe longitudinale d'un bouton de la fleur mâle $\frac{1}{18}$.
5. Formes d'étamines.
6. Rudiment de gynécée.
7. Fleur femelle après la chûte des pétales.

GARCINIA MERGUENSIS, Wight
var. a truncata, Pierre.

GARCINIA MERGUENSIS, Wigth.
var. β. pyramidata, Pierre

GARCINIA LANESSANII Pierre

Kmer : *dôm ong côl.*

Hab. — On trouve communément cette espèce dans la province de Tayninh et dans les provinces cambodgiennes de Kamput, de Tpong et de Pusath (*Herb. Pierre*, n° 598. *Thorel*, n° 2208).

Les jeunes rameaux sont quadrangulaires, assez espacés et portent 3 à 10 paires de feuilles. Celles-ci sont oblongues ou elliptiques-oblongues, aiguës à la base et terminées au sommet par une pointe large et obtuse. Leurs petites côtes sont au nombre de seize. Elles sont espacées, légèrement ascendantes, arrondies et unies tout près de la marge. Une ou deux nervures, moins longues, courent parallèlement dans l'intervalle de chacune d'elles. Les fleurs mâles, au nombre de 5-10, sont disposées en ombelle axillaire composée de cymes bipares. Les fleurs femelles sont solitaires. Il y a deux bractées, obovées, concaves, presque aussi grandes que les sépales à la base des pédicelles. Les sépales orbiculaires, concaves, sont à peu près d'égale dimension dans les deux séries. Les pétales, au nombre de quatre comme les sépales, sont plus grands qu'eux, suboblongs et membraneux sur les bords. Ils sont soudés à la base, aux faisceaux staminaux. Ceux-ci portent, chacun, au sommet et du côté intérieur, 13-17 étamines de Discostigma. Au centre, il y a un rudiment de gynécée aussi long que les faisceaux staminaux, libre, à pied tétragone et à tête élargie en forme de pelte. Sa surface stigmatique est parsemée de glandes arrondies et assez élevées. Dans la fleur femelle, les quatre faisceaux sont réduits à de très courtes lames hypogynes dentelées au sommet ou font complètement défaut. Le gynécée est suboblong et lisse. Il est recouvert par un stigmate presque sessile de même forme que celui de la fleur mâle. L'ovaire contient deux loges uni-ovulées. La baie est globuleuse, lisse, rougeâtre au moment de la maturité. Elle contient 1-2 graines plano-convexes ou hémisphériques.

Cet arbre a 8 à 10 mètres d'élévation. Son tronc peu élevé, garni de branches presque jusqu'à la base, a un diamètre de 12 centim. environ. Son écorce a une épaisseur de 3-4 millim. Son suc, assez abondant, est jaune, mais devient jaune-rougeâtre après concrétion. Ses feuilles sont longues de 6-13 centim., et larges de 2 millim. 1/2 à 7 millim. 1/2. Le pétiole est long de 5-12 millim. Les pédicelles sont longs de 1-2 millim. Le bouton a 3 millim. 1/2 à 4 millim. de hauteur et de diamètre. Les sépales sont longs et larges de 3/4 de millim. Les pétales sont longs de 3 millim. et larges de 2 à 2 millim. 1/2. Ils sont jaunâtres et beaucoup moins épais que les sépales. Les faisceaux staminaux sont plus courts que les pétales. Ils ont un tronc, vers la base, tout à fait nu ou privé d'étamines sur les deux faces. Les filets sont très épais et courts. Ils sont bifides au sommet et portent chacun une loge d'anthère globuleuse. Le rudiment de gynécée est long de 2 millim. Les fleurs femelles sont un peu plus grosses que les fleurs mâles. Les ovules, après la fécondation, sont insérés plus près de la base de l'axe placentaire que de son sommet. La baie a 2 millim. 1/2 de hauteur et 3 millim. de diamètre. Son endocarpe est charnu. Le tégument séminal est exactement organisé comme celui des autres espèces de *Garcinia*, c'est-à-dire recouvert d'une pulpe arilliforme externe. Du côté intérieur, le tégument est mince et cellulaire. La partie médiane est formée de faisceaux fibro-vasculaires losangiques séparés, dans la graine mûre, par des concrétions de gomme-gutte. Chaque faisceau est composé de lames très minces, déroulables comme une trachée ou comme une cellule spiralée. Une de ces lames, isolée, offre quatre cordons fibreux très longs, de couleur brune, séparés chacun par une rangée de cellules globuleuses et translucides, placées bout à bout ou en chapelet. L'embryon est une masse charnue compacte où l'on ne discerne, avant la germination, ni cotylédons, ni radicule, ni gemmule.

Obs. — Cette espèce appartient à la section *Discostigma*. Elle est voisine du *G. Keenania*. Comme le *G. terpnophilla*, ses pétales sont soudés aux faisceaux staminaux. On rencontre aussi cette particularité dans le *G. eugeniæfolia*, espèce de la même section. Cependant elle n'est pas étrangère aux espèces de la section *Mangostana*.

L'écorce du *G. Lanessanii* sert à teindre en jaune-foncé. Les Kmers disent que cette couleur, employée seule, n'est pas résistante. Son bois est employé à de menus ouvrages. Il est d'un rouge pâle. Ses fibres sont très longues.

EXPLICATION DES FIGURES DU *GARCINIA LANESSANII* Pierre.

PLANCHE 70

A. Rameau de la plante mâle.

B. C. Rameaux de la plante femelle.

1. Fleur mâle où un pétale et un faisceau staminal ont été enlevés. $\frac{10}{1}$.
2. Faisceau staminal. On voit à sa face extérieure la déchirure (*a*) indiquant le point de soudure avec le pétale opposé $\frac{[illegible]}{1}$.
3. Étamines $\frac{20}{1}$.
4. Diagramme de la fleur mâle.
5. Coupe longitudinale d'un jeune fruit $\frac{5}{1}$.
6. Graine vue du côté du hile (*a*) et du côté dorsal (*b*) $\frac{5}{1}$.

E. Delpy del.

J. Storck & L. Hugon, Lith.

GARCINIA LANESSANII, Pierre.

GUTTIFÈRES

GARCINIA VILERSIANA Pierre

Annamite : vàng nhûa. Khmer : dóm probût. Moï : bout.

Hab. — Cette espèce habite toute l'Indo-Chine méridionale, depuis le fleuve Meklong [Siam], à l'ouest, jusqu'à la province du Binh-Thuan, à l'est. (*Herb. Pierre* nos 128, 773, 3,641-42).

Les jeunes rameaux sont tétragones, très gros et pubescents. Ils sont opposés et portent 1 à 3 paires de feuilles. Celles-ci sont oblongues ou elliptiques-oblongues, courtement pétiolées, obtuses ou cordées à la base, aiguës au sommet, très coriaces, brillantes en dessus et pâles en dessous, glabres, mais pubescentes sur le pétiole et vers la base de la côte. Leurs petites côtes, opposées à la base, alternes au sommet, sont au nombre de 24-28, ascendantes et unies tout près de la marge. Elles sont reliées par des veines transversales souvent peu visibles à la page supérieure. On compte aussi, dans l'intervalle de chacune d'elles, 2 à 5 nervures parallèles, quelquefois très longues. Les fleurs mâles et hermaphrodites sont groupées en ombelle sur un court bourgeon axillaire, écailleux et pubescent. Leurs pédicelles sont tétragones et plus longs que le pétiole. Les sépales, au nombre de 5, sont imbriqués dans le bouton, graduellement plus grands du dehors en dedans, orbiculaires, concaves, charnus à la base, membraneux et ciliés sur le bord, velus dorsalement. Les pétales sont un peu plus grands que les sépales, imbriqués comme eux, orbiculaires, concaves, assez épais, multinervés et ciliés. On compte, en face de chaque pétale, 2-7 ou le plus souvent 4-5 étamines, groupées au sommet d'un faisceau lamelliforme. Leurs filets sont très courts. Leurs anthères sont réniformes et déhiscentes par deux loges longitudinales et sublatérales. Entre chacun de ces faisceaux staminaux, il existe un même nombre de lobes discoïdes, laciniés ou ruminés, entourant soit un rudiment de gynécée ovoïde et subulé dans les fleurs mâles, soit dans les fleurs hermaphrodites, un gynécée ovale, lisse, terminé par un style assez long, partagé en 5 lobes stigmatiques, obovés et ondulés sur les bords. L'ovaire, dans le jeune âge, est plus ou moins sillonné et contient 6 loges uniovulées. Le fruit est une baie sphérique, d'un vert jaunâtre au moment de la maturité et contient le plus souvent 3-5 graines. Celles-ci sont ovales-oblongues, et ont la forme d'un croissant.

Cet arbre a une hauteur de 12 à 15 mètres. Son écorce est noirâtre, très rugueuse en dehors et jaune-verdâtre en dedans. Elle contient un suc jaunâtre très abondant. Son tronc est haut de 5 à 6 mètres. Il est recouvert au-dessus de branches très longues, penchées, très pressées et plus courtes vers le sommet. Les feuilles sont opposées et de même forme que celles du *G. Xanthochymus*, cependant moins fermes, moins épaisses et munies d'un pétiole moins long. Celui-ci est long de 10 à 15 millim. La feuille entière a 15-32 cent. de longueur et 6-12 cent. de largeur. Les pédicelles sont longs de 10-12 millim. Les sépales sont glabres en dedans, longs et larges de 5-5 millim. 1/2. Les pétales sont longs de 8 millim. 1/2 et larges de 6-7 millim. Les faisceaux staminaux sont plus courts que l'ovaire, dans la fleur hermaphrodite. Ils sont plus longs que le rudiment de gynécée dans la fleur mâle. Ils sont toujours plus longs que les lobes du réceptacle. Le rudiment de gynécée est réduit à un simple corps quelquefois trilobé au sommet et plus court que les faisceaux et le réceptacle. Il est aussi quelquefois très bien développé, oblong-lancéolé et terminé par un long style subulé, aussi long que les phalanges staminales. La baie est ronde ou à peine sphérique, haute de 4 millim. avec un diamètre de 3 millim. 1/2 à 4 millim. Les graines ont 22 millim. sur 15 millim. Elles ont un tégument pulpeux en dehors, fibreux en dedans et plus intérieurement, il est de consistance cellulaire. L'embryon est charnu et indivis. On distingue au centre, dans toute la longueur de son axe, un tube fibro-vasculaire. Il se prolongera au moment de la germination en une radicule basilaire dont le développement s'arrêtera au moment où naîtra la tigelle, au sommet et au pôle opposé de la graine. C'est à la base de cette tigelle, que sortira la racine adventive destinée à soutenir et à nourrir la jeune plante. On rencontre uniformément le même caractère de germination dans tous les *Garcinia* et les *Ochrocarpus*.

Obs. — Le bois du *G. Vilersiana* est blanc-jaunâtre, avec une teinte légèrement foncée dans la région du cœur. Il est très fibreux, flexible et peut être employé à certains ouvrages n'exigeant pas une longue durée. Il est très vite attaqué par les xylophages.

Cet arbre est surtout utile pour son écorce qui fournit la meilleure teinture verte du sud de l'Asie. Pour l'obtenir, les Kmers réduisent l'écorce en poudre très fine et la font bouillir. L'étoffe, soie ou coton, qu'on veut teindre, reçoit plusieurs bains et devient alors d'un jaune très clair. Après 24 heures d'exposition à l'ombre, l'étoffe est soumise ensuite à un bain d'arak de riz dont le degré alcoolique doit être très élevé, puis on la fait macérer dans un bain d'indigo. Elle prend alors une couleur verte très belle et très résistante. Si, quand l'écorce a bouilli, on ajoute à la solution une certaine proportion de rocou et d'alun, on a la couleur safran foncé. Cette écorce se vend communément dans tous les bazars de l'Indo-Chine. Cet arbre mériterait donc d'être cultivé. On ne le rencontre guère aujourd'hui que dans les régions les plus reculées.

On distinguera le *G. Vilersiana* du *G. Xanthochymus*, par des feuilles plus grandes, souvent cordées, moins épaisses et plus obtuses, par un pétiole plus court et velu, par des pédicelles et des sépales également velus et par un fruit plus petit.

EXPLICATION DES FIGURES DU *GARCINIA VILERSIANA* ET DU *G. XANTHOCHYMUS.*

PLANCHE 71

A. Rameau fructifère du *Garcinia Xanthochimus* Hoock. f.

B.-C. Rameaux florifère et fructifère du *Garcinia Vilersiana*. Pierre.

1. Fleur femelle hermaphrodite: (*a*) faisceau staminal ; (*b*) lobe du disque alternant avec les faisceaux staminaux $-\frac{7}{1}-$
2. Coupe longitudinale d'une fleur hermaphrodite $-\frac{5}{1}-$
3. Fleur mâle $-\frac{5}{1}-$
4. Autre fleur mâle, plus jeune que la précédente $-\frac{5}{1}-$
5. Graine présentée du côté dorsal (*a*) et latéralement (*b*).

A. GARCINIA Xanthochymus Hook. f.
B.C. [illegible] Vilersiana Pierre

GUTTIFÈRES

GARCINIA ANDERSONI? HOOK. F.

In Hook. f. *Fl. Brit. Ind.* 1. 270

Kmer: prohŭt phnŏm

Hab. — Cette espèce a été trouvée d'abord par Griffith, plus tard par Maingay, dans la péninsule malaise, près de Ialacca. Les indigènes la connaissent sous le nom de *Koondon Belookar*. Elle n'a été rencontrée, en Basse-Cochinchine, ue dans les montagnes de Knang-Repœu, au Cambodge (*Herb. Pierre*, n° 775).

Jeunes rameaux tétragones. Feuilles oblongues ou elliptiques-oblongues, lancéolées, subaiguës ou obtuses aux deux xtrémités, parcheminées, coriaces, brillantes en dessus, pâles en dessous. La côte est élevée sur les deux faces. Les etites côtes sont ascendantes, parallèles, arrondies et réunies très près de la marge, plus élevées en dessous qu'en essus. Dans l'intervalle de chacune d'elles, on compte une à trois nervures parallèles plus ou moins proéminentes et juelquefois d'égale longueur. Les veines, très fines, sont visibles sur les deux faces, surtout en dessous. Elles sont transversales, tortueuses et espacées. Les fleurs pseudo-hermaphrodites sont insérées à l'extrémité d'un bourgeon axillaire, subtétragone, écailleux et presque toujours plus long que le pétiole. Les pédicelles sont plus courts, généralement, que le bourgeon floral. Les sépales, sous le fruit, sont au nombre de 5, orbiculaires, concaves, épais et coriaces, non accrescents et glabres. Le fruit est sphérique, lisse, légèrement déprimé entre les graines et couronné par un stigmate sessile, muni de 4 à 5 petits lobes arrondis. Il contient 2 à 5 loges et autant de graines. Elles sont ovales, légèrement amincies du côté du hile et plus épaisses du côté extérieur. Elles ne diffèrent pas sensiblement de celles de la section *Mangostana*.

Arbre de 8-12 mèt., ramifié presque jusqu'à la base du tronc. L'écorce des jeunes branches est lisse, vernissée et jaunâtre. Son suc est jaune-verdâtre et abondant. Son bois est jaunâtre, avec une teinte plus foncée vers le cœur. Ses feuilles sont le plus souvent oblongues ou linéaires-oblongues. Elles affectent la forme elliptique quand les arbres sont jeunes. Le pétiole est long de 23 millim. à 4 cent. Il est épais de 4-6 millim. La feuille, en comprenant le pétiole, mesure en longueur 30 à 40 cent. et en largeur 7-18 centim. Le pédicelle du fruit est long de 18 millim. Il est porté par un pédoncule long de 5 millim., à 2 centim. Le fruit a 3-4 cent. sur 3 cent. 1/2 à 4 cent. 1/2. Les graines sont longues de 2 cent. à 2 cent. 1/4. Elles ont un diamètre d'un cent. 1/2.

Obs. — J'ai tenu à faire cette description d'après mes échantillons, parce qu'ils diffèrent sensiblement de ceux de Maingay et de Griffith, représentant le *G. Andersoni*. Ainsi, dans cette espèce, et d'après les échantillons que je viens de citer, les feuilles ont des pétioles assez courts. Elles sont arrondies ou cordées. Leurs petites côtes sont très robustes et leurs veines, en dessous, presque parallèles dans le sens transversal, sont à peine visibles à la face supérieure du limbe. Les pédoncules et les pédicelles sont aussi plus longs que ceux de mes échantillons de Knang-Repœu. Il n'est pas possible, avant de connaître les fleurs de l'arbre du Cambodge, de se baser sur les différences que je viens de noter pour établir une forme distincte du *G. Andersoni*. Je vais maintenant décrire cette espèce, d'après les échantillons de Maingay et de Griffith : Les feuilles y ont un pétiole long de 2 cent.; et, avec le limbe, elles mesurent 25 cent., sur 14 cent. Elles sont elliptiques-oblongues, lancéolées, aiguës au sommet, arrondies ou cordées à la base, épaisses et coriaces, ondulées, lisses en dessus et pâles en dessous. Elles ont 48 petites côtes ascendantes et parallèles. Entre celles-ci on compte une ou 2 fausses côtes, parallèles également, aussi élevées, quelquefois aussi longues, plus accentuées en dessous qu'en dessus, reliées par des veines transversales assez grosses, subparallèles, espacées et à peine distinctes à la face supérieure. Les fleurs sont fasciculées au sommet d'un gros bourgeon axillaire, écailleux et long de 4 centim. Leurs pédicelles, longs de 15-36 millim., sont gros et ont un diam., au sommet, de 4 millim. 1/2. Les sépales, au nombre de 5, sont imbriqués, graduellement plus grands du dehors en dedans, plus petits que les pétales, orbiculaires, concaves, coriaces et pubescents extérieurement, de même que les pédicelles. Ils mesurent, dans la première série, 7 millim. en haut. et 14 millim. en larg., et celui qui est inséré le plus en dedans a 12 millim. sur 15 millim. Les pétales (16 millim. en longueur et en largeur) sont orbiculaires, un peu moins épais, à peine pédiculés, glabres et alternes aux sépales. Les 5 phalanges staminales opposées aux pétales ne sont pas plus longues que les lames hypogynes et ruminées du réceptacle, avec lesquelles elles alternent. Elles portent au sommet 3-4 étamines fertiles ou infertiles. L'ovaire lisse, suboblong, est terminé par un gros style long de 3 millim. et partagé en 5 lobes stigmatiques étalés. Il contient 5 loges uniovulées. Le fruit est, d'après Maingay, globuleux et contient 5 loges. D'après Griffith il n'en contient que 4.

Le *G. Andersoni* se rapproche beaucoup par les fleurs du *G. grandifolia*. (Beccari n° 2966), décrit plus loin, mais s'en distingue par l'inflorescence et par les feuilles. Je rapporte à mes échantillons de Cochinchine plus qu'au *G. Andersoni* ceux d'une plante cultivée à Java (*Herb. Pierre*, n° 4171), sous le nom de *Garcinia Cochinchinensis* et qui m'ont été envoyés par M. Treub, le savant directeur du jardin botanique de Buitenzorg.

Les Cambodgiens m'ont assuré qu'ils employaient indifféremment pour teindre en vert ou en jaune l'écorce du *G. Andersoni?* et celle du *G. Vilersiana*. Il est probable que toutes les espèces de cette section ont une écorce douée des mêmes propriétés. Le bois du *G. Andersoni?* est propre à de menus ouvrages. Il ne se conserve pas longtemps.

EXPLICATION DES FIGURES DU *G. ANDERSONI, HOOK. f.*

PLANCHE 72

A. Rameau fructifère.

1. Coupe transversale d'un fruit arrivé à maturité.
2. Graine revêtue de son tégument (*a*) et privée de son tégument (*b*).

GARCINIA [illegible] Pierre

GARCINIA HANBURYI Hook. f

In Journ. Linn. Soc. London, vol. XIV. p. 485. — G. Morella. var : pedicellata. Hanb. in *Trans. Lin. Soc.* XXIV 489, t. 50. quoad stirpem Cochinchinensem in hort. Almeidæ Singaporensis cultam ; Lanessan. Mém. *Garcinia*, p. 67 ; — T. Anderson, *in Fl. Brit. Ind.* 1,264 (pro parte, quoad synonymiam et descriptionem). — Cambodgia gutta *Loureiro Fl. Cochin.* 1,332. 1790 (pro parte quoad patriam et proprietates, sed species e descriptione auctoris ad G. Cambodgiam verisimiliter referenda).

Annam : Vàng nhứa ; vàng nghê. — Khmer : dóm róud. — Siam : roeng. Chine : Hoam ĵo.

Hab. — Cette espèce est très répandue entre le 19° et le 101° degré long. et entre le 10° et le 13° degré lat. nord., dans les provinces cambodgiennes de Pusath, Samrong-Tong, Tpong, Compong xom et Kamput, dans l'île de Phu Quöc et dans la partie orientale du royaume de Siam, confinant au Cambodge. Elle est cultivée dans le jardin botanique de Saïgon depuis 1870 ; dans le jardin de Buitenzorg et dans l'île de Singapour, chez M. d'Almeïda. *Herb. Pierre*, nos 384, 3,636, 4,162.

Les jeunes rameaux sont opposés, tétragones, bientôt arrondis, assez longs et grêles. Les feuilles sont longuement pétiolées oblongues, ou elliptiques-oblongues ou ovales-oblongues, lancéolées et terminées par une pointe longue et obtuse. Elles sont aiguës à la base, assez minces et coriaces. Elles sont munies de 16-22 petites côtes, ascendantes, arrondies et unies loin du bord, plus accentuées en dessous qu'en dessus. Une ou deux nervures parallèles et moins longues courent dans l'intervalle de chacune d'elles. Elles sont reliées transversalement par des veines irrégulières, espacées et plus distinctes en dessous qu'en dessus. Les fleurs mâles, longuement pédicellées, sont groupées, au nombre de 1-5, à l'aisselle des feuilles ou aux axes privés de feuilles. Les fleurs femelles au nombre de 1-3, plus grosses et courtement pédicellées, sont également axillaires. Les sépales, au nombre de 4, sont persistants, orbiculaires, concaves, multinervés et coriaces, membraneux sur les bords, jaunes-verdâtres et plus grands dans la seconde série que dans la première. Les pétales sont ovales-oblongs, arrondis au sommet, concaves, très charnus, jaunâtres et plus grands que les sépales. Les étamines de la fleur mâle sont au nombre de 36-46. Elles occupent le sommet arrondi d'un réceptacle élevé, charnu, aminci à la base et tétragone. Leurs filets sont quadrangulaires et très courts. Les anthères sont biloculaires mais à loges presque toujours circulaires, confluentes et indistinctes. Dans la fleur femelle, il y a 18-25 étamines, disposées au sommet d'un anneau hypogyne, partagé en 4 faisceaux opposés aux sépales. On en compte 5-7 au sommet de chacun des faisceaux. Leurs filets sont aplatis et plus courts que l'anneau. Leurs anthères sont tétragones à 2 loges ou à une loge circulaire ou ascendante. Le gynécée est à moitié caché par les étamines, dans la jeune fleur. Il est surmonté par un stigmate sessile, subpyramidal, légèrement concave au sommet, partagé en 4 sillons peu profonds et en 4 lobes bien distincts. Les glandes qui recouvrent chacun d'eux sont au nombre de 8-12. Elles sont globuleuses et très accentuées. L'ovaire est composé de 4 loges oppositisépales. La baie est globuleuse, lisse et couronnée par le stigmate. Elle contient 1-4 loges monospermes. Ses graines sont oblongues légèrement cintrées vers le hile et convexes en dehors. Son péricarpe est charnu et gorgé de gomme-gutte. Son tégument est extérieurement pulpeux, fibreux et plein de gomme-gutte en dedans, mince et celluleux dans la partie en contact avec l'embryon.

Cet arbre a une hauteur de 10 à 15 mètres. Son tronc, dans les arbres âgés, n'a pas plus de 2 mètres de hauteur. En ce point, il est recouvert de branches longues et inclinées vers le sol. Son diamètre est de 15-20 centim. Son écorce a une épaisseur de 4-6 millim. Elle est presque lisse en dehors et d'un blanc jaunâtre en dedans. Elle secrète un suc jaune-safran assez abondant. Ce suc devient jaune-rougeâtre ou orangé après dessiccation. Ses feuilles (dont le pétiole est de 7-18 millim.) sont longues de 10-20 cent., et larges de 3 à 10 cent. Elles ont, dans la jeunesse, une texture membraneuse. Elles deviennent très coriaces à l'état adulte. Ce caractère est commun à toutes les espèces de cette section. Les pédicelles des fleurs mâles sont longs de 10 à 12 millim. A leur base, il y a toujours 1-2 bractées très courtes. Les fleurs en bouton ont un diamètre de 7 millim. sur 4 millim. de hauteur. Les sépales de la première série, ont en hauteur et en diamètre 4-5 millim. et 6 millim., dans la seconde. Les pétales sont longs de 7 millim., et larges de 5-6 millim. après l'anthèse. Les filets des étamines, dans la fleur hermaphrodite, sont plus longs que dans la fleur mâle. Ils sont beaucoup plus courts que ceux du *G. Morella*. Le stigmate est moins élevé que celui de *G. Morella*. Le fruit est sphérique ou rond. Il est haut de 2 cent. 1/2 et son diamètre est de 1 cent. à 1 cent. 1/2. Ses graines ont 1 cent. 1/2 à 2 centim. de hauteur sur un centim. de diamètre. Leur germination a lieu exactement comme celles des autres *Garcinia*.

Obs. — Le *Garcinia Hanburyi*, d'après MM. Hanbury et de Lanessan (*loc. cit.*) qui en ont fait une étude consciencieuse, n'est considéré que comme une variété du *G. Morella*. C'est M. J.-D. Hooker qui distingua spécifiquement la variété *pedicellata*, créée par M. Hanbury. Il est certain que ces espèces sont voisines et tel est le cas de toutes les espèces de cette section. Leurs caractères, néanmoins, sont suffisamment distincts. On distingue le *G. Hanburyi* du *G. Morella*, par des feuilles plus grandes, plus minces, plus acuminées et plus longuement pétiolées ; par les pédicelles de la fleur mâle cinq fois plus longs que ceux du *G. Morella* ; par des pétales plus longs que les sépales ; par un nombre plus considérable d'étamines dans la fleur mâle, par la forme de celles-ci, par un anneau hypogyne plus élevé et plus distinctement partagé en phalanges dans la fleur femelle ; par un stigmate moins profondément quadrilobé que celui de *G. Morella* ; par un fruit plus gros.

Dans le *G. lateriflora Bl.*, dont on ne connait pas malheureusement les fleurs mâles, les rameaux sont plus tétragones, les feuilles plus coriaces, les fleurs plus grosses ; il y a une plus grande disproportion dans les sépales des deux séries et les pétales sont beaucoup plus grands, car dans le bouton ils ont déjà 8 millim. en largeur et en hauteur. Son stigmate est porté par un style très court, il est vrai, mais, non sessile dans le bouton. Les lobes de ce dernier, à la périphérie, sont pourvus de glandes plus nombreuses et plus longues, que dans les autres espèces de cette section.

Ce dernier organe, bien nettement sillonné jusqu'au centre à défaut de tout autre caractère, sépare le *G. pictoria*. Roxb. du *G. Hanburyi*. Dans cette espèce, les fleurs mâles sont presque sessiles et ne contiennent, d'après Beddome, que 26 étamines. Celles-ci, dans la fleur femelle, sont distribuées en quatre phalanges et leurs filets sont beaucoup plus courts que dans le *G. Morella*. Les pétales sont comme dans le *G. Hanburyi* plus grands que les sépales. Quoique bien voisines, il faut, je crois, tenir distinctes les *G. pictoria* et *G. Morella* et ces espèces ne sauraient être confondues avec le *G. Hanburyi*.

Nous n'insisterons pas sur les différences et les rapports qui existent entre le *G. Hanburyi* et les autres espèces de ce groupe, car celles-ci sont décrites plus loin et s'en éloignent par des caractères plus tranchés que ceux que nous venons de remarquer.

Le *Cambodgia Gutta* de Loureiro (*loc. cit.*) n'offre, quant au fruit, pourvu de 8 côtes et de 8 loges, aucun des caractères des Hebradendron. Il est évident que l'auteur n'a jamais vu cette espèce, et, d'après la synonymie qu'il indique, il confond, de même que les auteurs de son temps, le *G. Morella* et le *G. Cambodgia*.

Le *G. Hanburyi* a été introduit avant 1850, à Singapour, par M. d'Almeïda. Ce sont les échantillons provenant de cette culture, qui servirent à MM. Christison [1850] à M. Hanbury [1864] et à M. de Lanessan [1872] pour leurs études. Elle fut introduite dans le jard. bot. de Buitenzorg par M. Teysmann, où elle est cultivée sous le nom siamois de *Roèng*. En 1870, je la rencontrais en abondance, dans les provinces de Pusath, Samrong Tong, Tpong, Kamput et Compongxom, du Cambodge occidental. Elle est depuis cette époque, dans les cultures du jardin botanique de Saïgon. Six ans après le semis, les arbres dont je parle avaient une hauteur de 3 mètres 20 centim. Leur tronc avait un diamètre de 4-5 centim. Je pense qu'à cet âge, on pourrait, avec prudence, commencer l'exploitation de la gomme-gutte.

Au Cambodge, ils ne sont pas soumis à la culture, mais ils sont respectés dans les défrichements. Dans les provinces citées plus haut, l'impôt royal est une redevance en nature d'une certaine quantité de gomme-gutte et de cardamomum. *(Amomum racemosum Guib.)*. L'exploitation de ces deux produits paraît incomber spécialement à une race négro, offrant beaucoup d'analogie avec plusieurs tribus du Cachar, des Andamans, des Nilghirris, etc... et distincte du Kmer moderne.

Les centres d'exploitation visités par moi sont montagneux. Les pluies y sont plus abondantes que partout ailleurs. Les arbres y sont assez clairsemés, souvent éloignés les uns des autres, ainsi qu'il arrive généralement, pour les végétaux non cultivés.

Les arbres à gomme-gutte sont exploités du mois de novembre au mois d'avril, c'est-à-dire pendant quatre à cinq mois environ. Pendant cette période, dite de sécheresse, les pluies sont devenues rares et la végétation est arrêtée. Les hommes voués à ce travail, m'ont assuré que le rendement d'un arbre était, de décembre en avril, de plus en plus faible. Quand a lieu le réveil de la végétation, au mois d'avril-mai, au moment où les pluies recommencent, les sécrétions cessent ou deviennent presque nulles. C'est alors que le végétal est abandonné à lui-même et que cesse l'exploitation. Le contenu des canaux sécréteurs doit probablement alors servir à l'acte de la végétation. L'arbre paraît certainement épuisé en ce moment et ne recevra de nouvelles incisions qu'après deux ans de repos.

Les arbres exploités sont communément âgés de 20 à 30 ans. Leur hauteur est de 15 mètres environ. Le diamètre de leur tronc est de 15-20 centim., et sa longueur, dans la partie privée de branches, est de 1 mètre 50 à 2 mètres. Il est incisé depuis les premières ramifications et celles-ci aussi, dans une certaine étendue, jusqu'à la base. Le jeune bois n'est pas entamé. L'incision consiste en un canal de 2-3 millim. de profondeur et de 4-6 millim. d'ouverture. Elle contourne le tronc en forme d'hélice. Les bords sont rafraîchis ou élargis quand les sécrétions deviennent moins abondantes, ce qui arrive quelquefois quand la sécheresse est intense et quand l'ouverture des canaux se trouve obstruée. Le suc sécrété descend dans le canal, jusqu'à un récipient quelconque, placé au pied de l'arbre. Il est transvasé tous les trois jours. Le collecteur sait par expérience qu'en attendant plus longtemps les sécrétions seraient moins fluides, qu'elles seraient alors moins facilement transvasées et qu'elles pourraient être mélangées à trop d'impuretés, telles que : débris d'écorce, de feuilles, d'insectes, etc. Peut-être aussi, cette visite est-elle commandée par la nécessité de débarrasser le canal des matières de toutes sortes qui peuvent l'obstruer. Le transvasement est fait dans un nœud de bambou *(Melocanna sp.)*, long de 76 centim., et dont la cavité a un diamètre de 3 centim. Il serait rempli tous les trois jours, d'après les Kmers, par le produit des sécrétions de 50 arbres. Après la récolte, ce récipient est pendu au toit, dans la case du collecteur, ou plutôt dans celle du chef chargé de veiller, pour le roi, sur la perception de cet impôt. Il ne sera brisé que 5 mois après, quand la gomme-gutte sera sèche ou ne le sera qu'au moment de la vente. On n'accélère pas la dessiccation par aucun procédé. C'est ainsi que s'obtient la gomme-gutte commerciale, dite en bâton cylindrique.

D'après les Kmers, le produit de 50 arbres, exploités pendant 5 mois, serait de 37 kilogram. 500 grammes, soit une moyenne de rendement, pour chaque arbre, de 750 grammes, tous les deux ans. D'après un marchand chinois, habitant la province de Tpong et très en rapport, par son commerce, avec la pleuplade qui exploite le *dôm-rond*, cette estimation serait très faible. Il m'a assuré que le rendement d'un arbre n'était pas moins de 2 kilogrammes. L'arbre qu'il me désigna, comme pouvant fournir une telle production, avait déjà été exploité. Son écorce avait une épaisseur de 4 millim. Son âge, d'après les couches annuelles du tronc, était de 32 ans. Néanmoins, j'ai vu des arbres dont le diamètre du tronc n'était que de 6 centim., qui avaient déjà été exploités et dont l'âge était de 10-12 ans. D'après cela, il serait peut-être possible d'exploiter les guttiers, après 5-6 ans de plantation. A ce sujet, une remarque n'est peut-être pas inutile. On ne doit pas oublier que les diamètres du tronc que je viens de donner, sont ceux d'arbres croissant spontanément et dont le développement a dû être nécessairement gêné par une foule de causes qu'il est inutile d'indiquer. Il est certain que les arbres cultivés au jardin botanique dont je parlais précédemment, avaient, toute proportion d'âge gardée, des dimensions plus considérables.

L'écorce du dôm-rond est aussi un produit tinctorial très apprécié. D'ailleurs les canaux sécréteurs de gomme-gutte, se rencontrent dans toutes les parties du végétal. Ils sont si abondants dans le tégument des graines, que celles-ci ne devront pas être négligées quand il s'agira de l'exploitation rationnelle de ce produit. Quand elles sont sèches, par simple froissement, on retire de la partie médiane tégumentaire, une quantité notable de gomme-gutte granuleuse et d'un jaune clair très brillant. Cette particularité suffit pour reconnaître une espèce de la section Hebradendron.

La culture du *G. Hanburyi* mérite l'attention du colon et du forestier. Elle devra certainement être entreprise très avantageusement. Alors seulement il sera possible d'avoir sur le rendement d'un arbre ou d'un hectare et dans une suite d'années, des données positives.

D'après la dimension des arbres les plus âgés que je connaisse, l'espace suffisant pour la végétation d'un arbre, serait de 16 mètres carrés. L'hectare pourrait donc contenir 625 arbres. Il n'est pas nécessaire d'ajouter que, pendant les dix premières années, les frais d'entretien de la plantation, seraient remboursés par le produit de cultures simultanées, telles que celles des *Amomum, Curcuma, Zingiber, Arum, Boëhmeria nivea*, etc., dont la végétation ne peut être nuisible aux guttiers. Ce sera au contraire, un moyen économique pour ameublir le sol.

On sait que la gomme-gutte, outre son emploi dans la peinture, est aussi un produit médicinal et tinctorial important. Le bois du *G. Hanburyi* est léger. Il est d'un jaune très pâle, presque blanc. Il est employé à de menus ouvrages et il est de peu de durée.

EXPLICATION DES FIGURES DU *G. HANBURYI H. f.*

PLANCHE 73 ET 74

A. Rameau de la plante mâle. (Échantillon de Phu-Quôc. Herb. Pierre, n° 3636.)
B. Rameau de la plante mâle. (Éch. de Rancon : Herb. Pierre, n° 584).
C. D. Rameau de la plante femelle portant de jeunes fruits. (Éch. de Phu-Quôc, n° 3636.)
E. Rameau de la plante femelle. (Échantillon Buitenzorg. Herb. Pierre, n° 4162.)
F. Rameau fructifère. (Éch. de Rancon. Herb. Pierre, n° 584.)

1. Fleur mâle en bouton $\frac{10}{1}$.
2. Coupe longitudinale d'un bouton de la fleur mâle $\frac{10}{1}$.
3. Pétale avant l'anthèse $\frac{10}{1}$.
4. Fleur mâle où un sépale et deux pétales ont été enlevés $\frac{10}{1}$.
5. Étamines de la fleur mâle $\frac{20}{1}$.
6. Stigmate d'un jeune fruit $\frac{10}{1}$.
7. Diagramme de la fleur femelle $\frac{10}{1}$.
8. Bouton d'une fleur femelle $\frac{10}{1}$.
9. Coupe longitudinale d'une fleur femelle $\frac{10}{1}$.
10. Fleur femelle en bouton, privée de ses sépales et de ses pétales $\frac{10}{1}$.
11. Formes d'étamines, de la fleur femelle $\frac{20}{1}$.
12. Autre fleur femelle plus avancée, privée de ses sépales et de ses pétales.
13. Autre fleur femelle où on a enlevé les sépales, les pétales et les étamines $\frac{10}{1}$.
14. Graine mûre entourée de son tégument $\frac{1}{1}$.
15. Graines *a*, *b*, sans téguments.
16. Stigmate $\frac{10}{1}$.
17. Formes d'étamines à 2 loges circulaires *a*, *b*, *c*, *d*, dont une coupée longitudinalement (f). Étamine à une loge *e*.
18. Stigmate d'un fruit mûr $\frac{10}{1}$.
19. Coupe transversale d'un fruit mûr $\frac{2}{1}$.

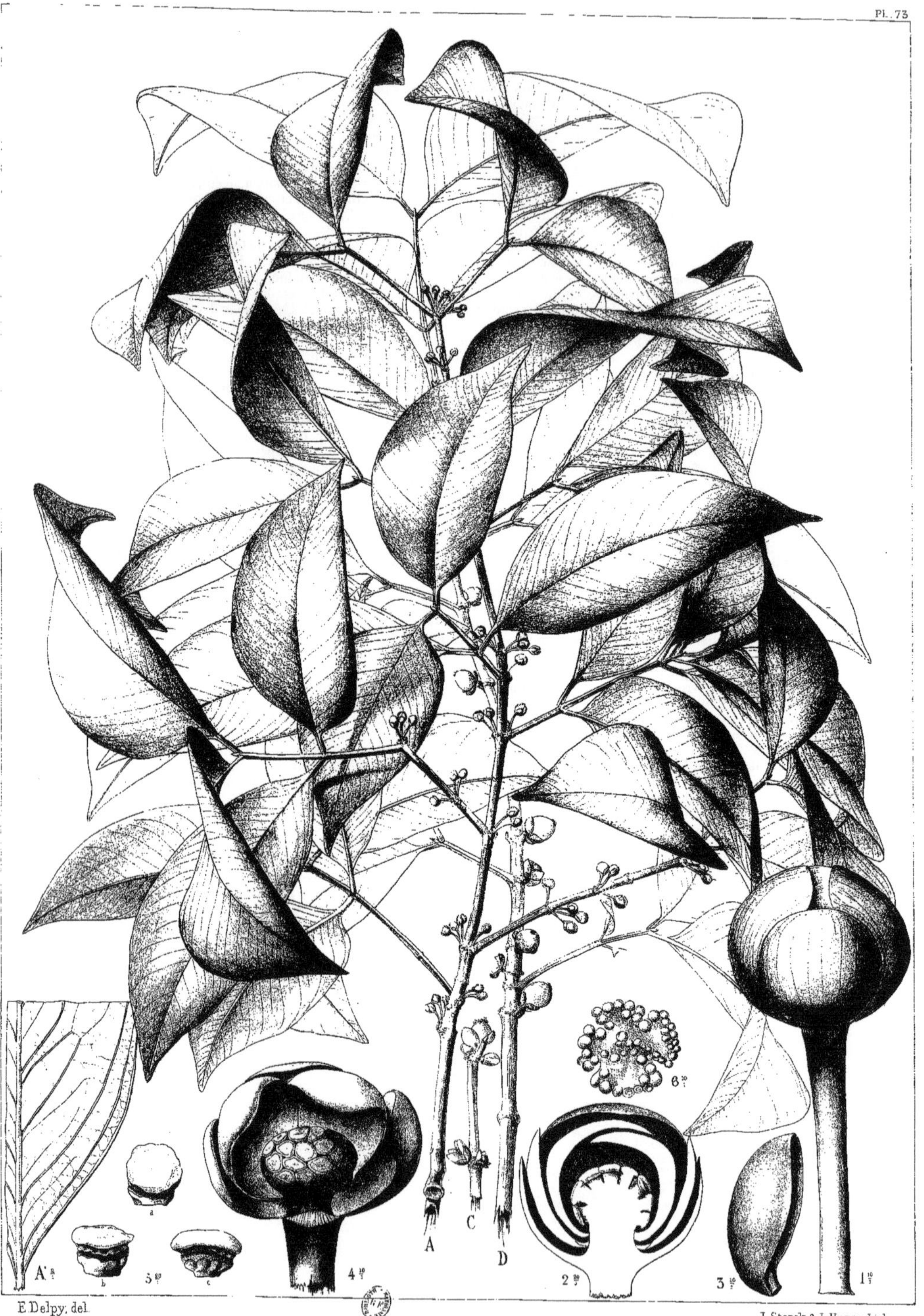

E Delpy, del.

J. Storck & L. Hugon, Lith.

GARCINIA HANBURYI HOOK. F.

T. Delpy del.

J. Storck & L. Hugon, Lith.

GARCINIA HANBURYI KOOK. f.

GUTTIFÈRES

GARCINIA GAUDICHAUDII PL. ET TRIANA.

Mém. Guttif., p. 202. — G. Morella : de Lanessan. *Mém. Garcinia*, p. 64.

Annam : cana ; vàng nghê

HAB. — Cette espèce habite les provinces de Binh-Thuan, de Bienhoa et de Tayninh (*Herb. Pierre*, nos 92, 1268 ; 1955 et 3639). Elle s'étend au nord-est jusqu'à Hué [Gaudichaud, n° 96 in herb. Mus. Par.]

Les jeunes rameaux sont opposés, arrondis et grêles. Les feuilles sont longuement pétiolées, ovales ou elliptiques-oblongues, aiguës ou obtuses à la base, terminées au sommet par une pointe assez courte, large et obtuse. Elles sont peu épaisses et coriaces. Leurs petites côtes, au nombre de 14 à 16, sont espacées, arrondies et unies loin de la marge. Elles sont élevées sur les deux faces. Les fleurs mâles sont axillaires et disposées au nombre de 1-8, le plus souvent au nombre de trois. Leurs pédicelles sont assez courts. Les fleurs hermaphrodites sont sessiles et presque toujours solitaires. Les sépales sont persistants, orbiculaires, concaves, multinervés. Ils sont plus grands dans la deuxième série et dentelés sur les bords. Les pétales sont elliptiques-oblongs, concaves, plus grands que les sépales, beaucoup plus épais, charnus et jaunâtres. Les étamines de la fleur mâle sont groupées au nombre de 10-25 sur un réceptacle tétragone et étroit à la base, convexe au sommet. Les filets sont très courts. Les anthères ont souvent des loges circulaires, indistinctes ou confluentes. Ces loges sont rarement ascendantes le long du connectif avant de devenir circulaires. Il n'y a pas de rudiment de pistil. Dans la fleur hermaphrodite, on compte 13-19 étamines et le plus souvent 16 à 18. Elles sont portées par des filets libres au sommet d'un anneau hypogyne. Leurs anthères diffèrent sensiblement de celles de la plante mâle. Leurs loges sont souvent très distinctes. Le gynécée est globuleux, lisse, recouvert par un stigmate sessile, très charnu. Ce stigmate, sillonné à la base, a quatre lobes bien distincts au sommet. Chacun d'eux porte 5-12 glandes proéminentes. L'ovaire a quatre loges uniovulées. Le fruit est une baie ronde contenant 1 à 4 graines. Il est couronné par le stigmate sessile. Les graines ont la forme d'un croissant. Elles ont les bords comprimés ou graduellement amincis de la face dorsale au hile.

Cet arbre a 3 à 10 mètres d'élévation. Son tronc a 6-8 centim. de diamètre. Son écorce est épaisse de 3-4 millim. Elle est lisse en dehors et d'un jaune blanchâtre en dedans. Son suc jaunâtre est très abondant. Ses feuilles sont longues de 9 à 11 centim. et larges de 4 cent. 1/2 à 7 cent. 1/4. Le pétiole est long de 4-13 millim. Les pédicelles des fleurs mâles sont longs de 2-3 millim. 1/2. Ils ont une épaisseur de 2 millim. au sommet et d'un millim. 1/2 à la base. Leur longueur n'est que d'un millim. dans les fleurs femelles. Ils ont une épaisseur de 2-3 millim. au sommet et de 2 millim. 1/2 à la base. Les sépales sont longs et larges de 3 millim. 1/4 à 3 millim. 1/2 dans la première série. Ils sont longs de 5-6 millim. et larges de 6 millim. dans la deuxième. Les pétales sont longs et larges de 6-7 millim. dans le bouton. Ils sont longs de 10-12 mm. après l'anthèse. Nous avons dit que le nombre des étamines était très variable dans les fleurs mâles. Il n'y a pas moins d'inconstance dans la forme des anthères. Généralement, il est vrai, ainsi que nous l'avons dit plus haut, elles sont circulaires autour d'un large connectif, mais dans quelques-unes, les loges ne sont confluentes que sur un côté et distantes de l'autre. Quelquefois on en voit où les loges ne deviennent circulaires au sommet qu'après avoir été ascendantes et écartées le long du connectif. Dans la fleur femelle, ce polymorphisme est beaucoup plus accentué. On voit des anthères obliques, réniformes, rotiformes, deltoïdes, ascendantes et rarement circulaires. Là, leurs filets sont non seulement plus longs que l'anneau hypogyne qui les porte mais plusieurs fois plus longs que les anthères. Celles-ci sont certainement fertiles, quoique souvent il y ait avortement d'une de leurs loges. Le gynécée, surtout quand la fleur est jeune, est surmonté d'un style gros, court et légèrement concave au sommet. Les lobes du stigmate sont terminés par 2-4 glandes plus larges que celles du centre et tellement espacées qu'elles ont la forme de petits lobes.

OBS. — Je crois que cette espèce est légitime. Ses fleurs sont plus petites que celles du *G. Hanburyi*. Ses pédicelles sont aussi moins longs. Son stigmate et ses anthères n'ont aucune ressemblance avec la forme qu'ont ces organes, dans cette espèce. On la distinguera du *G. Morella* par des feuilles plus membraneuses, des fleurs *non sessiles* et surtout par l'androcée. Elle a de très grands rapports avec le *G. Blumei*, mais ses fleurs sont plus grosses, ses pétales ne sont pas cunéiformes, ses anthères sont portées par des filets plus longs et n'affectent pas toutes la forme circulaire.

Le *G. Gaudichaudii* fournit une excellente gomme-gutte. Elle n'est pas exploitée, il est vrai, par les indigènes de nos provinces. Il faut attribuer cette négligence à une autre cause qu'à l'ignorance du procédé d'exploitation. Les arbres qui fournissent la gomme-gutte, au Cambodge, ne seraient peut-être pas exploités, si ce produit n'était l'objet d'une redevance en nature exigée de temps immémorial d'une tribu différente de la race kmer, et confinée dans les montagnes de Tpong et de Pusath. Elle tend d'ailleurs à disparaître et n'existerait plus, si les vides, causés par la misère et la maladie, n'étaient comblés par de nouveaux venus, esclaves comme eux, tirés des provinces de Muluprey et de celles situées sur la rive gauche du Mékong. La partie de l'Indo-Chine que nous occupons actuellement jouit, depuis longtemps, d'un régime plus libéral que celui qui est encore appliqué au Cambodge. Il n'est donc pas étonnant de ne trouver aucune exploitation de gomme-gutte dans les provinces de Bienhoa et de Binh-Thuan, où les arbres représentant le *G. Gaudichaudii* sont assez nombreux.

Il est singulier qu'à Ceylan, un des noms du *G. Morella*, soit d'après M. Thwaites, *cana goraka gass* et que ce mot *cana*, appliqué d'ailleurs à d'autres Garcinia, soit également donné dans les provinces de Bienhoa et du Binh-Thuan au *G. Gaudichaudii*. Faut-il attribuer cette appellation à l'influence de la langue brahmanique écrite, qui fut longtemps prédominante en Indo-Chine comme à Ceylan et à Java ? Il se peut aussi que la race nègre, celle qui exploite le fer, la gomme-gutte et le cardamomum au Cambodge, et que nous retrouvons dans tant de parties de l'Inde, ait parlé autrefois la même langue, dispersée et démembrée aujourd'hui, dont ce mot serait un débris.

EXPLICATION DES FIGURES DU *G. GAUDICHAUDII PL. ET TRIANA.*

PLANCHE 75

A. Rameau de la plante mâle.
B. — femelle.
C. — portant de jeunes fruits.
D. — des fruits mûrs.

1. Fleur mâle après l'anthèse $\frac{10}{1}$.
2. Jeune fleur réduite à l'androcée $\frac{10}{1}$.
3. Formes diverses d'étamines de la fleur mâle. Les formes ordinaires sont *a*, *b*, *f*, *g*, *h*, *i*. Les lettres *d*, *e*, *j*, *k*, représentent celles qui sont les plus rares.
4. Bouton de la fleur femelle $\frac{10}{1}$.
5. Fleur femelle privée d'une partie du périanthe $\frac{10}{1}$.
6. Coupe longitudinale d'une jeune fleur femelle $\frac{10}{1}$.
7. Formes diverses d'étamines : *a*, *b*, *c*, *d*, *e*, de la fleur femelle $\frac{20}{1}$.
8. Formes diverses *a*, *b*, *c*, *d*, du stigmate $\frac{10}{1}$.
9. Coupe transversale d'un ovaire $\frac{10}{1}$.

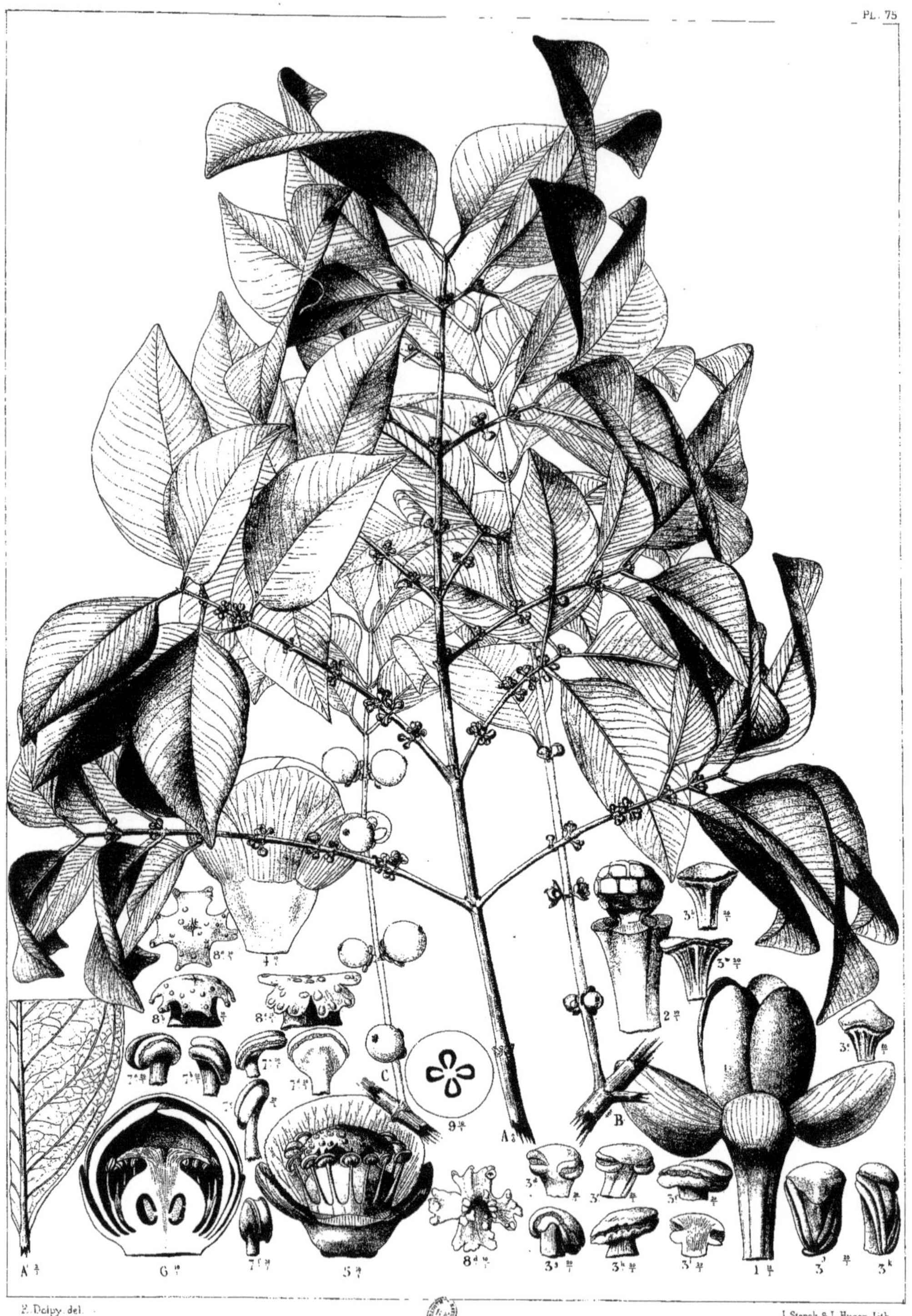

F. Delpy del.

J. Storck & L. Hugon Lith.

GARCINIA GAUDICHAUDII. Pl. & Triana.

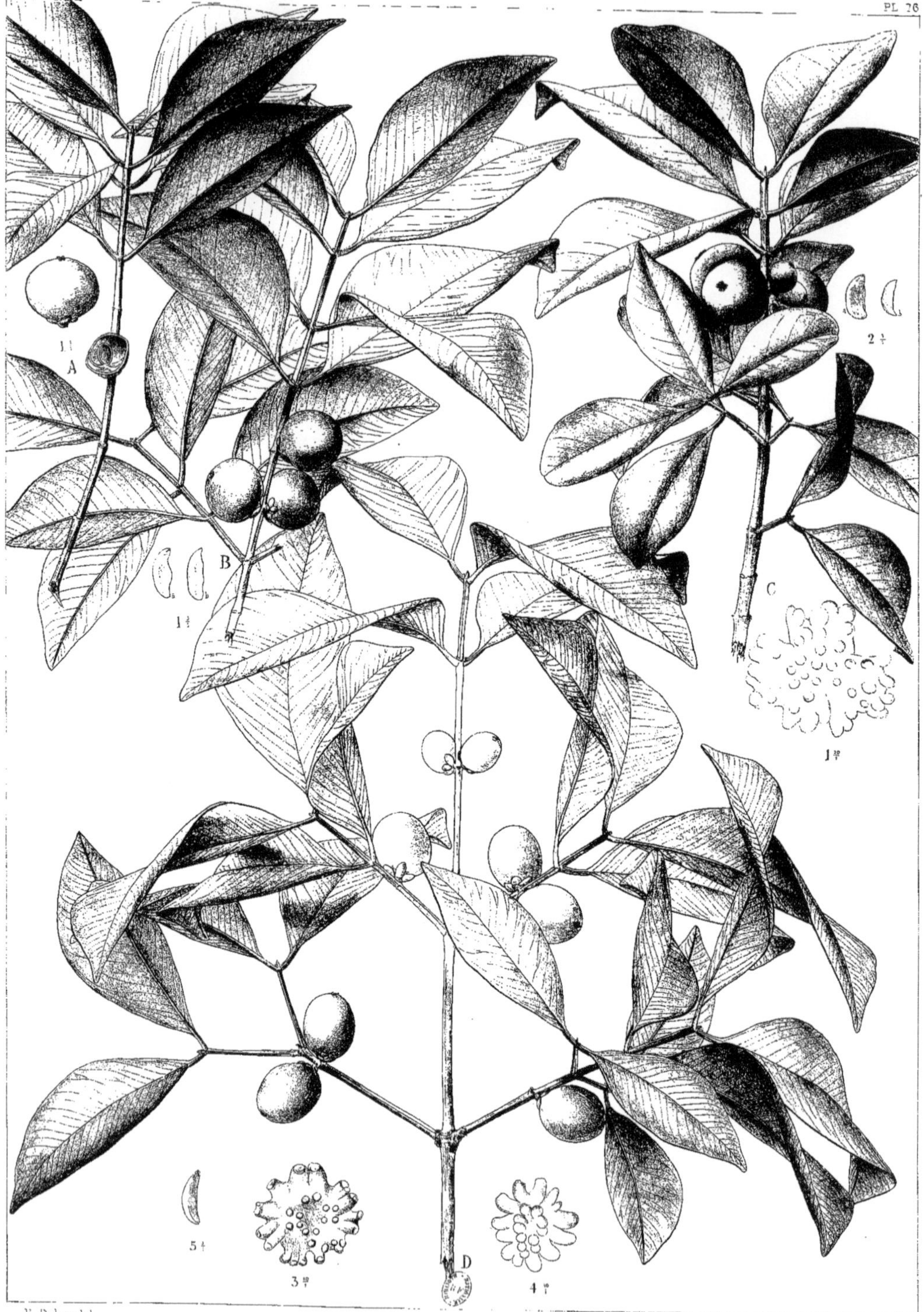

E. Delpy, del.

J. Storck & L. Hugon, Lith.

A — GARCINIA Gaudichaudii. Pl. & T.
B — ———,——— ———,———.
C — ———,——— Choisyana ? Wall. Cat. 4870.
D — ———,——— Sp.

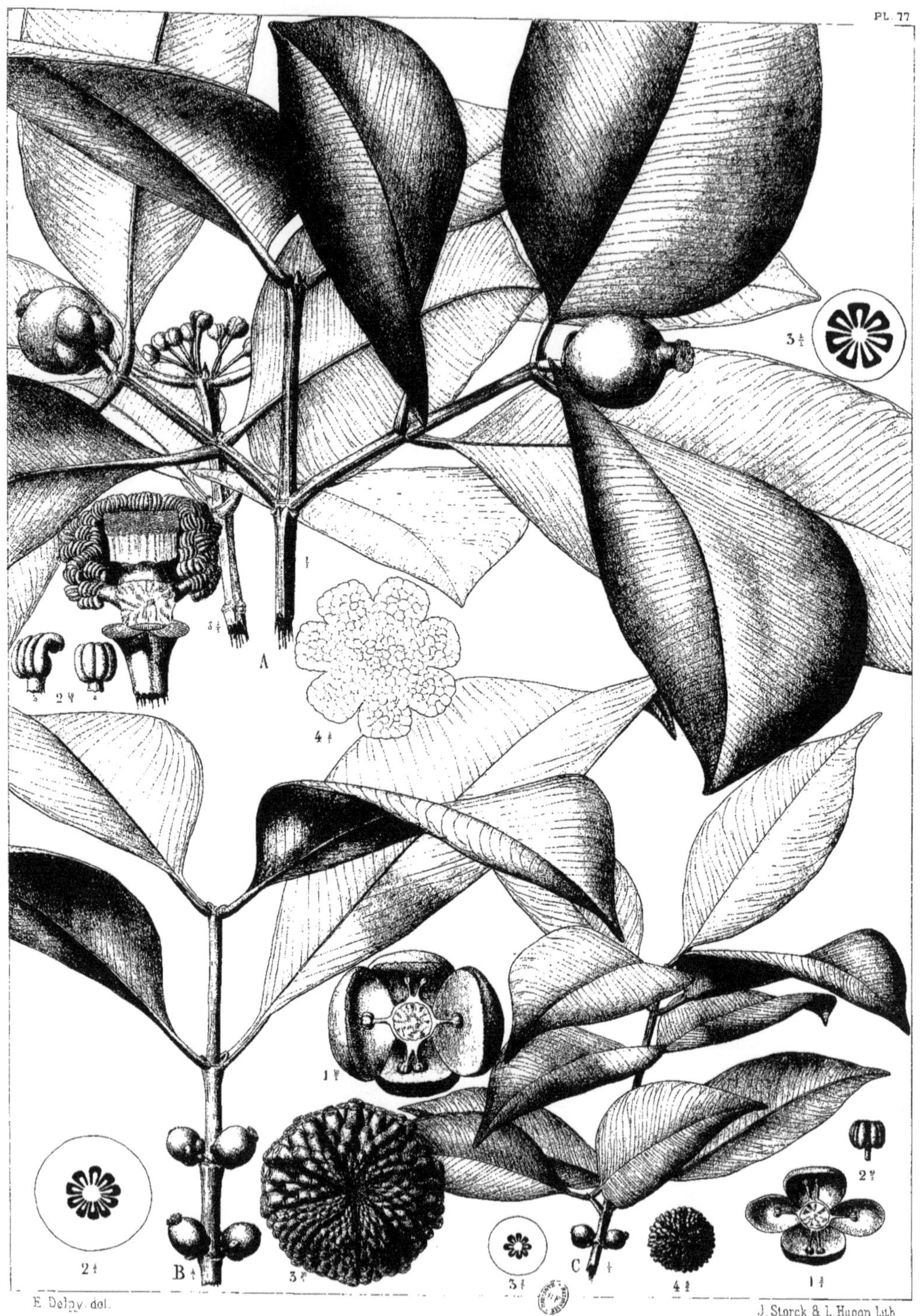

E. Delpy. del.

J. Storck & L. Hugon, Lith.

A — GARCINIA Rhumphii. Pierre
B — ———, ——— syzygiifolia. Pierre.
C — ———, ——— nigricans. Pierre.

A — GARCINIA Kurzii, Pierre.
B — ———, ——— cornea. L.
C — ———, ——— affinis Wall. Cat. 4854.
D — GARCINIA malaccensis, Hook. f.
F — ———, ——— Cumingiana ? Pierre.
E — ———, ——— Cumingiana. Pierre.

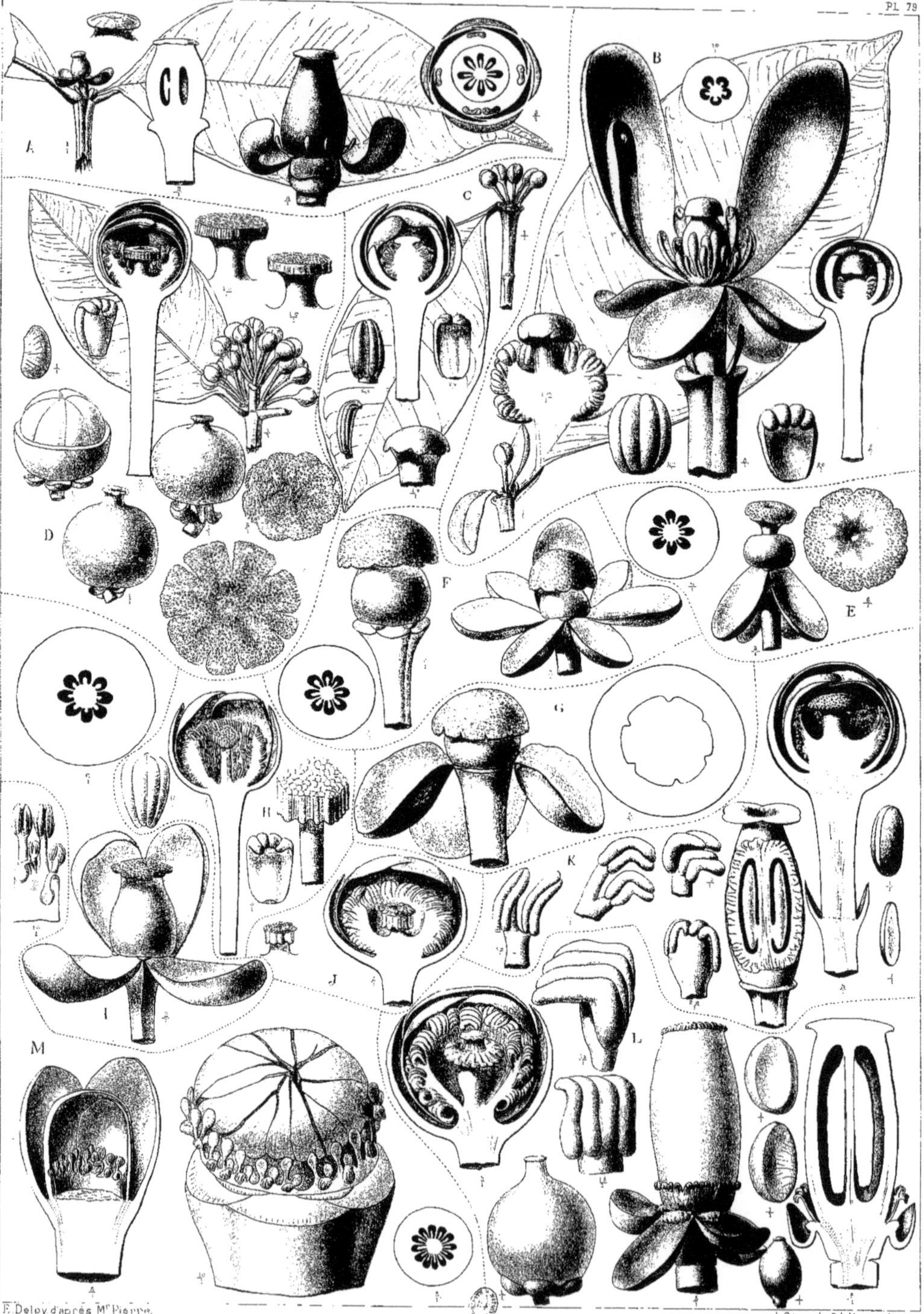

A — GARCINIA Riedeliana, Pierre.
B — — — Calleryi Pierre
C — — — Blancoi, Pierre.
D — — — Hombroniana, Pierre
E — — — Hombroniana? Pierre
F — — — Hombroniana? Pierre
G — — — Affinis, Wall. Cat. 4854.

H — GARCINIA Speciosa? Wall.
I — — — Speciosa? Wall.
J — — — Hombroniana? Pierre.
K — — — Stipulata T. Anders
L — — — Anomala, Planch & Triana
M — — — Pedunculata, Roxb.

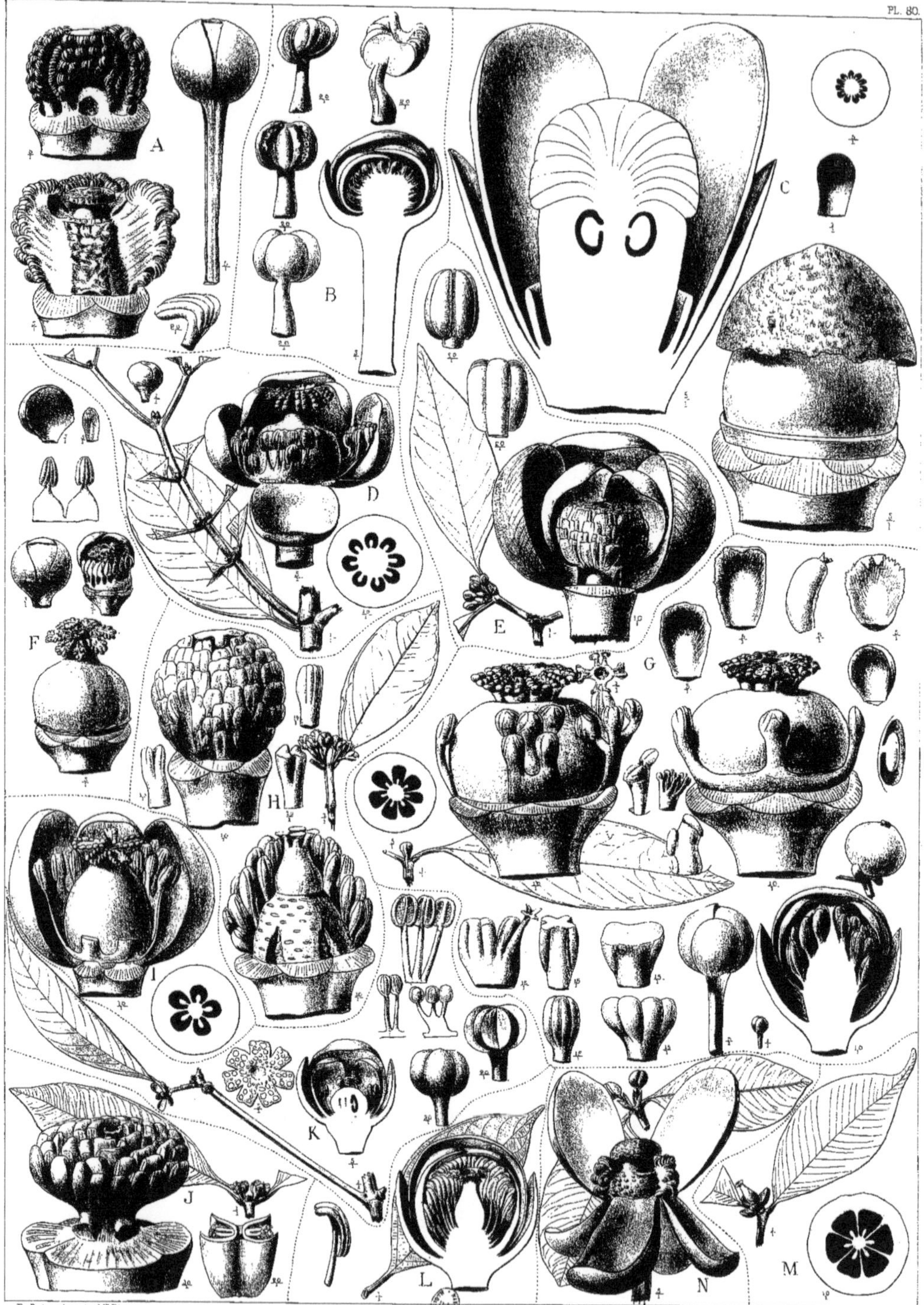

E. Delpy, d'après Mr Pierre. — J. Storck & L. Hugon, lith.

A — CARCINIA fabrilis Miq.
B — — , — Griffithii T. Anders.
C — — , — atroviridis Griff.
D — — , — lanceaefolia Roxb.
E — — , — lanceaefolia ? Roxb.
F — — , — sp.
G — — , — indica Choisy. var: Beddomei Pierre.

H — GARCINIA indica var Thouarsii Pierre.
I — — , — indica. var: Thouarsii Pierre.
J — — , — echinocarpa Thw.
K — — , — oxyphylla Pl. & Tr.
L — — , — Trianii Pierre.
M — — , — nitida Pierre.
N — — , — nitida Pierre.

www.ingramcontent.com/pod-product-compliance
Ingram Content Group UK Ltd.
Pitfield, Milton Keynes, MK11 3LW, UK
UKHW012016240726
13965UKWH00002B/398